测绘地理信息“岗课赛证”融通系列教材

测绘地理信息智能应用基础

Basic Theory of Intelligent Geomatics Application

李长青 张倩斯 赵小平 陶超 编著

测绘出版社

·北京·

内容简介

本书重点介绍测绘地理信息基础理论知识,包括从传统测绘到新型基础测绘的相关基础理论知识和技术手段。

全书共分为六个章节,主要内容包括绪论、地理信息系统、三维地理信息系统、测绘地理信息新技术、数字孪生技术构建智慧城市、新型基础测绘与实景三维中国建设。

本书主要面向具有"1+X"证书(测绘地理信息数据获取与处理、测绘地理信息智能应用)考点及试点的高等职业院校师生,本书适用于地理信息科学、遥感科学与技术、测量工程等相关专业和相关领域。

图书在版编目(CIP)数据

测绘地理信息智能应用基础 / 李长青等编著. --北京 : 测绘出版社, 2023.3

测绘地理信息"岗课赛证"融通系列教材

ISBN 978-7-5030-4464-9

Ⅰ. ①测… Ⅱ. ①李… Ⅲ. ①测绘-地理信息系统-教材 Ⅳ. ①P208.2

中国国家版本馆 CIP 数据核字(2023)第 018494 号

测绘地理信息智能应用基础
Cehui Dili Xinxi Zhineng Yingyong Jichu

责任编辑 侯杨杨 **封面设计** 李 伟 **责任印制** 陈姝颖

出版发行	测绘出版社	**电　　话**	010-68580735(发行部) 010-68531363(编辑部)
地　　址	北京市西城区三里河路 50 号		
邮政编码	100045	**网　　址**	www.chinasmp.com
电子信箱	smp@sinomaps.com	**经　　销**	新华书店
成品规格	184mm×260mm	**印　　刷**	北京建筑工业印刷厂
印　　张	7.75	**字　　数**	192 千字
版　　次	2023 年 3 月第 1 版	**印　　次**	2023 年 3 月第 1 次印刷
印　　数	0001-2000	**定　　价**	32.00 元

书　　号 ISBN 978-7-5030-4464-9

测绘地理信息“岗课赛证”融通系列教材

编审委员会

《测绘地理信息智能应用基础》

编写人员名单

李长青　北京工业职业技术学院

赵小平　北京工业职业技术学院

陶　超　广州南方测绘科技股份有限公司

张倩斯　广州南方测绘科技股份有限公司

丁莉东　江苏省南京工程高等职业学校

张　雷　福建农业职业技术学院

孟　熙　北京交通运输职业学院

彭　飞　北京交通运输职业学院

郑佳荣　北京工业职业技术学院

孙玉梅　石家庄铁路职业技术学院

李　伟　天津国土资源和房屋职业学院

王素霞　天津城市建设管理职业技术学院

符德军　宁波城市职业技术学院

王　东　山东水利职业学院

张国玉　日照职业技术学院

宦慧玲　山东外国语职业技术大学

姜文谦　德州职业技术学院

王　岩　泰山职业技术学院

朱劲松　云南能源职业技术学院

前　言

本书为测绘地理信息"岗课赛证"融通学历教育系列教材（简称"系列教材"）中的一本。系列教材围绕南方测绘两项"1＋X"职业技能等级证书标准（测绘地理信息数据获取与处理、测绘地理信息智能应用），引入行业新装备、新技术、新规范，结合实际项目案例，培养新型测绘地理信息技能人才。

本书紧跟地理信息系统发展，融合新型地理信息技术，内容涵盖地理信息系统、三维地理信息系统、测绘地理信息新技术、数字孪生技术构建智慧城市、新型基础测绘与实景三维中国建设，循序渐进地讲述测绘地理信息技术发展及相关解决方案，符合地理信息系统技术发展，满足相关岗位人才技能要求，本书既可以作为职业技能等级证书培训教材，又可用作教学教材。

本书为产教合编教材，由多名资深教授、高级工程师参与教材编写工作，总体分工为：北京工业职业技术学院李长青负责教材统筹统稿；北京工业职业技术学院赵小平负责目录框架、地理信息系统相关章节的原理及方法的编写；广州南方测绘科技股份有限公司张倩斯、陶超负责测绘地理信息新技术、三维地理信息系统、数字孪生及新型基础测绘与实景三维中国建设技术路线与解决方案的编写。

感谢本书编审委员会的指导。在本书编写过程中，借鉴和参考了大量文献资料，在此对相关作者表示衷心的感谢。

由于编者水平、经验有限，书中难免存在不足之处，敬请广大读者批评指正。

目　录

第1章 绪 论

测绘行业是测绘地理信息产业的重要组成部分，是测绘地理信息产业的基础。随着测绘仪器和测绘技术的变革和进步，测绘地理信息行业也随之发展。同时测绘地理信息行业的应用范围十分广泛。本章主要介绍测绘学、测绘地理信息的相关基础概念、相互关系及发展历程，并简要介绍测绘地理信息行业的应用。

1.1 测绘学概述

1.1.1 基本概念

测绘学是研究实体(包括地球整体、表面及外层空间各种自然和人造的物体)与地理空间分布有关的各种几何、物理、人文及其随时间变化的信息采集、处理、管理、更新和利用的科学与技术。

针对地球而言，测绘学研究测定和推算地面附近及其外层空间点的几何位置，确定地球形状和地球重力场，获取地球表面自然形态和人工设施的几何分布及与其属性有关的信息，编制全球或局部地区的各种比例尺的普通地图和专题地图，建立各种地理信息系统，为国民经济发展和国防建设及地学研究服务。

从测绘学的基本概念可以看出，测绘学主要研究地球的地理空间信息，同地球科学的研究有着密切的关系，因此测绘学可以说是地球科学的一个分支学科。

1.1.2 研究内容

1. 建立测量基准、确定地面点位的理论、技术与方法

建立测量基准即在已知地球的形状、大小及其重力场的基础上建立一个统一的地球坐标系统，用以表示地球表面附近及其外部空间任一点在这个地球坐标系中准确的几何位置。由于地球的外形接近一个椭球(称为地球椭球)，所以地面附近任一点的几何位置可用这一点在地球椭球面上的经纬度和其高程表示。这需要研究地球重力场理论、确定地球椭球参数、建立测绘基准及测定点的坐标的理论、技术和方法。

2. 地形原图的测绘(或地理数据库的建立)

地形原图的测绘指在已知大量地面点坐标和高程的基础上进行地表形态(自然形态，如水系、地貌、土壤和植被的分布；人工形态，如居民地、交通线和各种建筑物)位置的测绘工作。对于小区域的测绘工作可以利用普通的测量仪器，通过平面测量的方法直接测绘地形图；对于大区域的测绘工作，通常采用摄影方法，获得地表形态和人工设施空间分布的影像信息，根据摄影测量理论和方法，将地表形态和人工设施的影像信息用模拟的、解析的或数字的方式转变成各种比例尺的地形原图或形成地理数据库。

3. 研究地图制作的理论、技术和工艺

用测量仪器和测量方法所获得的自然界和人类社会现象的空间分布、相互联系及其动态变化信息，最终要以地图图形的形式反映和展示出来。为此要经过地图投影、综合、编制、整饰和制印，或者增加某些专门要素，才能形成各种比例尺的普通地图和专题地图。因此，传统地图学主要研究地图制作的理论、技术和工艺。

4. 高精度测量方法的研究

各种经济建设和国防工程建设的规划、设计、施工和建筑物建成后的运营管理，都需要进行相应的测绘工作，并利用测绘资料引导工程建设的实施，监测建筑物的形变。这些测绘工程往往要根据具体工程的要求，采取专门的测量方法。对于一些特殊的工程，还需要特定的高精度测量方法或使用特种测量仪器去完成相应的测量任务。

5. 海洋环境下测绘方法的研究

在海洋环境（包括江河湖泊）中的测绘工作，与陆地测量有很大的区别，主要是测量内容综合性强，需多种仪器配合完成多种观测项目，测区条件比较复杂，海面受潮汐、气象等因素影响起伏不定，大多数为动态作业，观测者不能用肉眼透视水域底部，精确测量难度较大，因此要研究适于海洋水域使用的特殊测量方法和仪器设备，如无线电导航系统、电磁波测距仪器、水声定位系统、卫星组合导航系统、惯性组合导航系统及天文测量方法等。

6. 研究测量数据处理和平差问题

测绘学中有大量各种类型的测量工作，需要用仪器在自然环境中进行观测。由于测量仪器构造上的缺陷、观测者的技术水平及自然环境因素的变化，对测量工作都会产生影响，给观测结果带来误差。因此必须研究和处理这些带有误差的观测值，设法消除或削弱其误差，以便提高被观测量的质量，这就是测绘学中的测量数据处理和平差问题。

1.1.3 学科分类

1. 大地测量学

大地测量学是研究地球的形状、大小和重力场，以及测定地面点几何位置和地球整体与局部运动的理论和技术的学科。大地测量主要有以下几种方法：

（1）几何法。几何法是用几何观测量（距离、角度、方向、高差）来建立水平控制网或高程控制网，提供地面点的水平位置或高程。

（2）物理法。物理法是用地球的重力等物理观测量通过地球重力场的理论和方法推求大地水准面相对于地球椭球的距离（大地水准面差距）、地球椭球的扁率（地球形状）等。

（3）卫星法。卫星法是利用人造地球卫星观测量进行空间定位，提供地面点在地心坐标系中的三维坐标。

2. 摄影测量学

摄影测量学是研究利用摄影或遥感的手段获取目标物的影像数据，从中提取几何或物理信息，并用图形、图像和数字形式表达测绘成果的学科。根据不同载体，可分为航空航天摄影测量和地面摄影测量。航空航天摄影测量是根据在航空或航天飞行器上对地摄取的影像获取地面信息、测绘地形图的技术；地面摄影测量是利用安置在地面上基线两端点处的专用摄影机拍摄的立体像对，对所摄目标物进行测绘的技术。

3. 地图制图学（地图学）

地图制图学是研究模拟地图和数字地图的基础理论及地图设计、地图编制和复制的技术方法及其应用的学科。传统的地图制图学内容一般包括地图投影、地图编制、地图设计、地图印制、地图应用。现代地图制图学是根据地图制图原理和地图编辑过程的要求，利用计算机输入、输出等设备，通过数据库技术和图形数字处理方法，实现地图数据的获取、处理、显示、存储和输出。此时地图是以数字形式存储在计算机中，称为数字地图。

4. 工程测量学

工程测量学是研究在各种工程建设的规划设计、施工建设和运营管理阶段所进行的各种测量工作的学科。它是测绘学在国民经济和国防建设中的直接应用，包括规划设计阶段的测量、施工建设阶段的测量和运营管理阶段的测量。每个阶段测量工作的重点和要求各不相同。

5. 海洋测量学

海洋测量学是研究获取与处理海洋空间几何、物理场信息的理论和技术的综合性学科。其主要研究内容包括海道测量、海洋大地测量、海底地形测量、海洋专题测量和海图制图等。

1.2　测绘地理信息概述

1.2.1　基本概念

1. 地理信息

地理信息是地理数据所蕴含和表达的地理含义，是与地理环境要素有关的物质的数量、质量、性质、分布特征、联系和规律的数字、文字、图像和图形等的总称。地理信息具有以下特征：

(1)区域性。地理信息属于空间信息，是通过数据进行标识的，这是地理信息系统区别于其他类型信息最显著的标志，是地理信息的定位特征。区域性是指按照特定的经纬网、公里网或其他方式建立的地理坐标来实现空间位置的识别，并可以按照指定的区域进行信息的合并或拆分。

(2)多维性。多维性具体是指在二维空间的基础上，实现多个专题的多维度结构。即在一个坐标位置上具有多个专题和属性信息。例如，在一个地面点上，可取得高程、污染、交通等多种信息。

(3)动态性。动态性主要是指地理信息的动态变化特征，即时序特征。可以按照时间尺度将地理信息划分为超短期的(如台风、地震)、短期的(如江河洪水、秋季低温)、中期的(如土地利用、作物估产)、长期的(如城市化、水土流失)、超长期的(如地壳变动、气候变化)等，从而地理信息常以时间尺度划分成不同时间段信息。这就要求及时采集和更新地理信息，并根据多时相区域性指定特定的区域得到的数据和信息来寻找时间分布规律，进而对未来作出预测和预报。

2. 地理信息系统

地理信息系统(geographic information system，GIS)，是融合计算机图形和数据库于一体，用来存储和处理空间信息的高新技术。它将地理位置和相关属性信息有机结合起来，满足城市建设、企业管理、居民生活对空间信息的要求，并借助其独有的空间分析功能和可视化表达功能，为土地利用、环境监测、交通运输、经济建设、城市规划及政府部门的行政管理等方面提供辅助决策。

一个完整的地理信息系统主要由五个部分组成，即硬件、软件、数据、人员和方法。它主要具备五项基本功能，即数据输入、数据编辑、数据存储与管理、空间查询与空间分析和可视化表达与输出。其中，空间查询与空间分析是地理信息系统的核心，也是地理信息系统有别于其他信息系统的本质特征。

地理信息系统最初是为解决地学问题而产生的，现今已成为一门涉及测绘遥感学、地理学、环境科学、空间科学和网络技术等多学科的综合性学科。地理信息系统应用也从最早的地学领域扩展到如自然资源、环境、房产、城建、消防、交通、金融、通信、气象、农业、林业、电力及政府办公等众多领域。

3. 测绘地理信息产业

测绘地理信息产业是以现代测绘和信息技术为支撑,以地理信息开发利用为核心,以对地理信息进行获取、处理、应用、服务为内容的一种新型服务业和战略性新兴产业。地理信息是国家重要的基础性、战略性资源,是准确掌握国情国力、提高决策管理水平的重要手段。

测绘地理信息产业,包括基础测绘、地理国情监测、应急测绘、航空航天遥感测绘、全球地理信息资源开发等公益性事业和以地理信息资源开发利用为核心的地理信息产业。现代测绘技术为测绘地理信息产业发展提供了技术支撑,测绘标准也为测绘地理信息产业制订应用标准提供了重要依据,测绘成果为测绘地理信息产业发展提供了基础信息资源,因此,测绘行业是测绘地理信息产业的重要组成部分,是测绘地理信息产业的基础。

测绘地理信息应用范围广泛,除在我国工程建设中的工程测量领域有广泛的应用外,在我国国民经济其他行业也发挥着基础性支撑作用。测绘地理信息产业对我国国民经济其他行业的价值主要体现在三个方面:①用于规划设计,如"多规合一"地理空间信息平台;②用于运营管理,如物流监控系统;③用于监督评估,如生态建设评估系统。这也反映了地理信息产业的主要价值、主要领域和主要用户。

地理信息资源的价值衡量比物质产品要复杂得多,这是由其劳动是复杂劳动的特点所决定的,其主要作用方式有:①促进创新和技术扩散;②增强决策质量;③减少生产管理成本,促进需求。

1.2.2 发展趋势

1. 产业链结构

测绘地理信息产业的上游为设备制造商,其中包括基础设备和测绘软硬件设备;中游为测绘地理信息产品及技术服务商,通过地理信息软件及系统建设进行空间地理信息的获取、处理和挖掘;下游为政府机构及企事业单位等最终用户,主要基于空间数据进行工程建设及运营等相关应用,如图 1.1 所示。

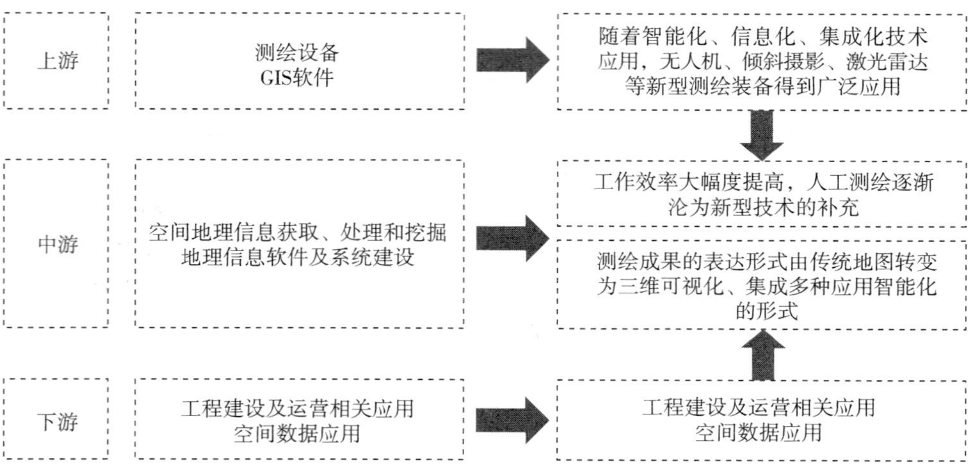

图 1.1 产业链结构

1)产业上游

硬件是信息产业的重要支撑。测绘地理信息产业所涉及的硬件设备,除了各种计算机和网络通信设备与基础设施之外,还包括各类测量仪器、图形图像处理设备和输入输出设备、地图数据采集设备、航空摄影和数据采集设备、卫星导航数据采集与处理设备等测绘硬件设备和配套的地理信息系统软件。

随着测绘地理信息产业智能化、信息化、集成化的发展需求,产业上游不再仅局限于传统的测绘软硬件设备应用。近些年来,无人机、倾斜摄影、激光雷达等新型测绘装备得到广泛应用。

2)产业中游

空间地理信息的获取和处理是测绘地理信息产业的基础,也是产业链的基础环节。空间地理信息获取包括测量、遥感数据采集、卫星导航定位数据采集等。地理信息软件及系统服务是对获取的数据资源和技术成果的集成应用。目前该服务环节几乎涉及国民经济和社会发展的各个方面,如自然资源、生态环境、城市建设、房产、交通、统计、公安、应急事务处理、经济规划、农业、林业、海洋、军事等。

随着产业上游测绘设备的更新换代,导致空间地理信息的获取和处理效率大大提高,人工的空间地理信息获取和处理已经逐步沦为补充手段。

3)产业下游

在现有测绘软硬件设备和空间地理信息获取与处理技术的基础上进行的各种营销服务、技术和软件的培训和咨询服务,为许多其他信息技术分支提供空间信息资源与空间分析功能,如工程建设及其运营相关应用等,扩展了地理信息产业链,为产业发展提供了更广阔的市场空间。

2. 产业发展趋势

产业创新能力不断提升:与互联网、大数据、云计算、人工智能等深度融合,催生了新产品、新服务、新业态。

空间基础设施建设驱动作用明显:测绘基准服务能力稳步提升,卫星遥感影像数据获取来源不断加大。

智慧服务领域不断拓展:智慧旅游、智能交通、共享经济、自动驾驶等。

产品服务转型升级初见成效:“智能+地理信息应用”,基于大数据、人工智能技术的地图类应用程序,为手机中常用移动应用程序提供定位服务,融入城市与交通等智能管理工作中,如图1.2所示。

3. 产业存在的问题

(1)大量的企业集中在传统的测绘数据采集和处理方面:人数众多,同质化严重,供给严重过剩,而在核心技术开发、高端制造和创新应用方面,高质量的企业还不够多。

(2)企业规模小而散,集中度不高:行业最大企业占行业的比重也不过0.5%,百强企业合计占行业的比重约7%,龙头企业作用不明显。

(3)发展驱动力主要靠政府投入:产业收入80%以上来源于政府项目或政府投资拉动,面向企业、面向消费者的收入占比低,出口占比相对其他产业也比较低。

(4)市场环境问题突出:低价中标现象普遍,部分项目合同责权利不对等,企业利益难以保障。

图 1.2　地理信息产业发展趋势

4. 发展机遇

(1)国家给予充足的政策支持和战略保障。

(2)政府和市场有着充足的服务需求。

①社会管理需求：测绘地理信息技术在政府部门管理和决策系统、数字城市、智慧城市、智慧交通等领域发挥着越来越重要的基础作用。

②自然资源管理需求：测绘地理信息技术在自然资源调查监测评价、统一确权登记、合理开发利用等方面发挥着关键作用。

③国土空间规划需求：测绘地理信息技术在国土空间规划编制－审批－实施－监督全过程发挥着支撑作用。

④应急测绘需求：测绘地理信息技术在了解灾情、监测预警、指挥决策和抢险救灾等方面的作用不可替代。

⑤环保监测需求：测绘地理信息技术广泛应用于大气污染源、城市空间扩展、植被覆盖变化、地表沉降等监测领域。

(3)快速发展的信息技术为测绘地理信息产业发展提供技术支撑。

①多源地理信息泛在获取技术："空－天－地－海"一体化高精度实时测绘技术，互联网、

物联网数据获取技术。

②地理空间数据智能处理技术：大数据、云计算、分布式存储和计算技术，机器学习。

③空间地理信息真实表达技术：倾斜摄影测量技术，移动测量技术，实景三维技术。

④地理信息资源互联共享技术：基于万维网服务（web service）模式，基于网格服务（grid service）模式，基于云计算模式，基于混合模式。

⑤地理信息增值知识服务技术：多元空间与专题信息集成技术，地理信息统计分析技术，位置服务技术。

5. 发展挑战

发展挑战主要包括互联网巨头的产业跨界对传统测绘地理信息行业的发展带来的时代挑战。测绘地理信息服务与各类生活服务等的跨界发展对测绘地理信息服务体系的服务范围进行了深度拓展，加大了服务的深度与广度。然而，跨界服务中的测绘地理信息往往运用在底层服务支撑，难以准确地评估其价值，并且服务内容往往与其他业务融合，在技术独立发展方面有一定的限制和削弱。

1.2.3　应用领域

1. 测绘地理信息在智慧城市建设中的应用

精细化三维模型和全景影像是智慧城市时空信息云平台建设的核心内容，也是智慧城市建设的时空基础和定位框架。借助机载激光雷达、移动测量设备等高新测绘装备，综合运用地理信息系统、航空航天遥感（含中低空摄影和倾斜摄影）、卫星定位导航、三维动态建模与可视化、大数据获取与更新等技术，有计划地开展地市级、县级城市和重点乡镇真三维建模。率先在已建成的数字城市地理空间框架基础上，通过丰富多时相的基础地理信息数据和全景影像、点云等新型产品数据，针对实体化对象数据添加时间属性，构建城市精细化、真三维模型和全景影像模型，为智慧城市时空信息云平台建设提供数据支撑。图1.3是某市智慧城市展示平台。

图1.3　智慧城市展示平台

智慧城市时空信息云平台在已建成数字城市地理空间框架的基础上，完善时空信息数据，建立时空信息数据库，构建时空信息云平台，加快数字城市地理空间框架向智慧城市时空信息云平台升级完善。围绕经济转型、城市管理、民生服务等主题，以强化基础、促进应用为主线，着力加强智慧基础设施建设和基础资源的整合共享，着力提高智慧应用水平，从过去提供地理信息公共平台，逐步发展为向各部门提供各自所需的个性化服务平台，使其服务更科学、更精准、更智能、更高效。

智慧城市时空信息云平台是智慧城市建设的核心内容，为其他行业应用提供时空基础。要确立智慧城市时空信息云平台的权威性、唯一性地位，建立健全应用服务、运行管理和数据更新的长效机制，确保时空信息云平台快速、稳定、高效运行。要以统一的信息交换与共享平台为基础，依托电子政务网和互联网，实现智慧城市时空信息云平台的全面运行。加强各部门应用智慧城市时空信息云平台的培训工作，实现部门业务系统与智慧城市时空信息云平台的信息交换与共享，积极扩大应用领域，不断提高应用水平。

2. 测绘地理信息在自然资源管理中的应用

自然资源管理中对经济、社会及生态环境等的空间分布规律的调查都离不开测绘地理信息技术。在自然资源国土空间管控优化、资源监测及调查、生态保护及修复等内容上，测绘地理信息技术都发挥着重要作用。如图 1.4 所示，地理信息技术在国土空间基础信息平台中发挥重要作用。

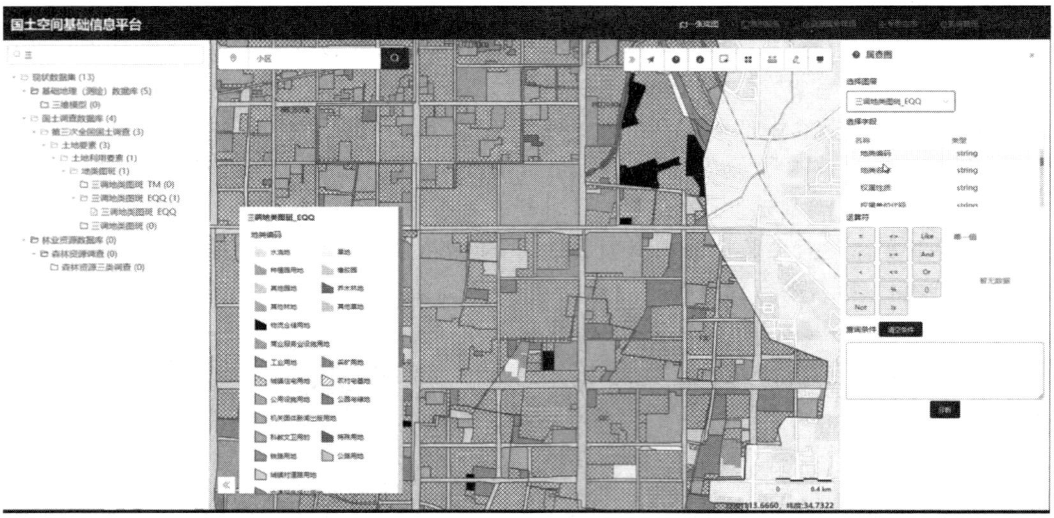

图 1.4 国土空间基础信息平台

构建自然资源调查监测技术体系主要包括自然资源权属登记技术、调查技术和产权管理技术等。其中在自然资源调查技术方面，需要依据自然资源综合管理及要素管理需求，形成资源调查制度，并能在自然资源监测调查、资源分类等工作中起到支撑作用，为其提供良好的测绘规范及空间基准，构建出“一张图”的作用。

自然资源向自然资产转化的过程中，必须做好自然资源权属登记工作。测绘地理信息是权属登记的关键内容，也是明确自然资源范围、界址和相关关系的关键依据。自然资源管理权属的确认能够发挥自然资源的最大综合价值。因此，需要对测绘地理信息技术进行创新，不断研究探讨自然资源登记、确权及服务技术，构建自然资源权属统一登记、不动产登记、权籍调查等相应的信息管理平台，并强化其应用。

空间规划能够对资源配置进行约束和引导，测绘地理信息能够为空间规划绘出空间底图，明确自然资源保护及开发的区域。空间规划需要实现测绘地理信息平台、用地分类、数据的空间基准等统一融合为一体的价值。

3. 测绘地理信息在电力资源中的应用

输电线路是电网的"血脉"。立足遥感、三维地理信息系统、卫星导航定位系统和通信等多源数据和数据通道，通过卫星、无人机、三维采集、人工智能图像识别等技术手段，对电力基础设施进行"天空地"一体化的数据采集和智能认知，建设智慧线路一体化管控平台，将空天地手段获取的图像及其他监测数据，利用人工智能、大数据分析等手段，实现满足业务应用要求的数据综合展示，实现电力巡线、电网抢修、电力应急、基础设施养护、电力设施监测等智能化管控，进一步保障电网系统的高效可靠运行，并提升电力应急工作效能。

以复合翼(垂直起降)无人机、多旋翼无人机为飞行平台，搭载倾斜摄影相机或机载激光雷达，获取电力廊道数据，对电力走廊数据中的导线、杆塔、危险点、交跨点、断面图、杆塔倾斜及变化检测的详细信息进行获取，以报告的形式进行输出。

思考题

一、选择题(单选)

1. 测绘是地理信息的主要获取手段，以下哪一项不是测绘主要测定和推算的内容？(　　)

   A. 地面点的几何位置　B. 地球形状　C. 地球重力场　D. 地面点的地理分布

2. 中国测绘地理信息产业发展的机遇不包括(　　)。

   A. 国家给予充足的政策支持和战略保障

   B. 政府和市场有着充足的服务需求

   C. 在传统测绘数据采集和处理中投入人员众多

   D. 快速发展的信息技术为产业发展提供技术支撑

3. 测绘地理信息除了在我国工程建设中的工程测量领域有广泛的应用外，对我国国民经济其他行业的应用价值不包括(　　)。

   A. 服务于规划设计　B. 服务于基础测绘

   C. 服务于运营管理　D. 服务于监督评估

二、简答题

1. 地理信息的特征有哪些？
2. 地理信息系统的组成部分和基本功能有哪些？
3. 测绘地理信息技术可应用于哪些行业？

第2章　地理信息系统

本章主要介绍地理信息系统的基本概念、理论、功能、数据模型及地理信息建库方法，并讲解地理信息系统与当前信息技术结合的创新应用前景。

2.1　概　述

2.1.1　地理信息系统概念

1. 地理数据

地理数据是各种地理特征和现象之间关系的符号化表示，包括空间位置特征、属性特征及时态特征三部分。空间位置特征描述地理实体所在的空间绝对位置及实体间空间关系的相对位置。空间位置由坐标参照系统描述，空间关系由拓扑关系（邻接、关联、连通、包含、重叠等）描述。属性特征（非空间特征），是地理实体的定性、定量指标，主要表达地理数据的属性内容。时态特征表示地理数据采集或现象发生的时刻或时段。

2. 地理信息

地理信息是表达地理系统诸要素的数量、质量、分布特征、相互联系和变化规律的总称。地理信息具有空间分布性、多维结构、时序特征、数据量大等特性。

地理数据和地理信息是密不可分的。地理信息来自地理数据，地理数据承载着地理信息，但不是地理信息。掌握地理数据的含义，对地理数据做出合理的解释，才能有效地找出地理数据中包含的地理信息。地理信息处理本质上是对地理数据的处理，从而获得有用的地理信息。

3. 地理实体和地理现象

地理实体是指表征固定地理空间参考位置的地理要素，具有相对固定的空间位置和空间关系、相对不变的属性。地理实体特征要素包括离散特征要素和连续特征要素。

地理现象是指地理事物在发生、发展和变化中的外部形式和表面特征。地球表面上的任何现象都可称为地理现象。地理现象又可分为自然地理现象和人文地理现象。由于受传统地理学的影响，许多地理现象被排除在地理学家的研究范围之外（主要是指诸多自然地理现象）。

从地理实体和地理现象到地理对象，再到地理数据，再到地理信息的发展，反映了人类认识的巨大飞跃。地理信息属于空间信息，其位置的识别与地理数据联系在一起，具有区域性。地理信息具有多维结构特征，即在同一位置上具有多个专题和属性的信息结构。

4. 信息系统

能够对数据和信息进行采集、存储、加工和再现，并能回答用户一系列问题的系统称为信息系统。信息系统的四大功能为数据采集、管理、分析和表达。

5. 地理信息系统

地理信息系统是在计算机软硬件支持下，以采集、存贮、管理、检索、分析和描述空间物体的定位分布及与之相关的属性数据，并回答用户问题等为主要任务的计算机系统。

2.1.2　地理信息系统特征

1. 统一的地理定位

所有的地理要素，一般放在一个特定投影和比例的参考坐标系统中进行严格的空间定位。

2. 信息源输入的数字化和标准化

将系统外多源、多形式的原信息，转换为计算机便于识别分析处理的内部格式，并对原始信息进行数字化和标准化，即对精度不同、比例尺不同、投影与坐标系统不一致的多样的外部信息，按统一的标准进行格式变换、坐标转换，形成数据文件，存入数据库内。

3. 多维数据结构

数据结构在地理信息系统中对于数据采集、存储、查询、检索和应用分析等操作方式有着重要的影响。多维数据结构是空间数据的一种组织形式，由空间位置数据(三维空间坐标及其拓扑关系)、属性数据及时态数据所组成的。

2.2　地理信息系统的构成

地理信息系统主要包括五个部分，即计算机硬件系统、计算机软件系统、地理空间数据、应用分析模型和用户。

2.2.1　计算机硬件系统

计算机硬件系统主要是指计算机处理机和终端设备，主要有电子、电、磁、机械、光元件或装置等设备。硬件系统对系统规模、速度、功能、精度、形式等都有影响，受硬件指标的支持或制约。图 2.1 为一个单机模式硬件配置的典型示例。

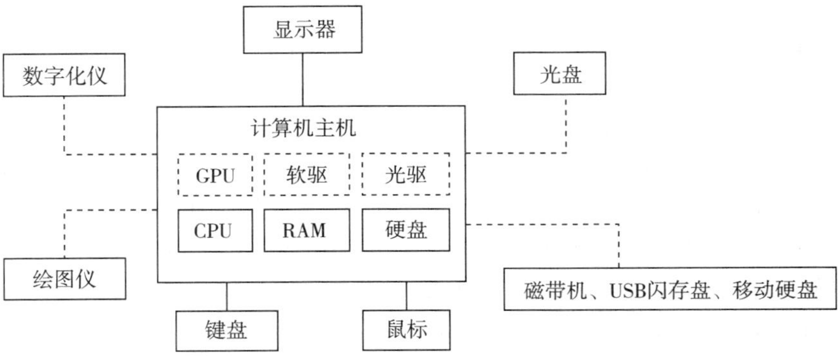

图 2.1　单机模式硬件配置

按照地理信息系统常见的终端设备大致可分为以下四类：

(1)输入设备。数据输入设备有数字化仪、图像扫描仪、解析和数字摄影测量仪、键盘、光笔、手写笔、通信端口等，以及卫星定位测量设备等测绘仪器。

(2)存储设备。数据存储设备主要有光盘刻录机、光盘塔、磁盘阵列、活动硬盘等设备。

(3)输出设备。数据输出设备有矢量式绘图仪、彩色喷墨绘图仪、激光打印机等设备。

(4)网络通信设备。网络通信设备指在网格系统中用于数据传输和交换的光缆、电缆、交换机等。

2.2.2 计算机软件系统

计算机软件系统(包括空间分析)是支持信息的采集、处理、存储、分析和可视化输出的计算机程序系统,包括计算机系统软件、地理信息系统软件、应用分析软件等。

1. 计算机系统软件

计算机系统软件是用户开发和使用计算机的程序系统,通常包括操作系统、汇编程序、诊断程序、库程序及各种维护使用手册、程序说明等。

2. 地理信息系统软件

地理信息系统软件可以是通用的地理信息系统软件,也可包括数据库管理软件、计算机图形软件包、图像处理软件等。

地理信息系统软件按功能可分为以下几类:

(1)数据输入。将系统外部的原始数据(多种来源、多种形式的信息)传输给系统内部,并将这些数据从外部格式转换为便于系统处理的内部格式。

(2)数据存储与管理。涉及地理元素(表示地表物体的点、线、面)的位置、连接关系及属性数据如何构造和组织等。用于组织数据库的计算机系统称为数据库管理系统(database management system,DBMS)。空间数据库的操作包括数据格式的选择和转换、数据的连接、查询、提取等。

(3)数据分析与处理。通过对单幅或多幅图件及其属性数据进行分析运算和指标量测,在这种操作中,以一幅或多幅图作为输入,而分析计算结果则以一幅或多幅新生成的图件表示,在空间定位上仍与输入的图件一致,故可称为函数转换。函数转换还包括错误改正、格式变换和预处理。

(4)数据输出。将地理信息系统内经过系统分析、转换、重新组织的数据,采用用户可以理解的方式,并以地图、表格、数字或曲线等表示在某种介质上提交给用户,或通过显示器、胶片拷贝、打印机、绘图仪等输出,也可以将结果数据记录在存储介质,或通过通信方式传输到用户的其他计算机系统。

(5)用户接口。该模块用于接收用户的指令、程序或数据,是用户和系统交互的工具,主要包括用户界面、程序接口与数据接口。系统通过菜单方式或解释命令方式接收用户的输入。由于地理信息系统功能复杂,并且用户又往往为非计算机专业人员,用户界面是地理信息系统应用的重要组成部分,它通过菜单技术、用户询问语言的设置,还可采用人工智能的自然语言处理技术与图形界面等技术,提供多窗口和鼠标选择菜单等控制功能,为用户发出操作指令提供方便。该模块还随时向用户提供系统运行信息和系统操作帮助信息,使地理信息系统成为人机交互的开放式系统。

3. 应用分析软件

应用分析软件包含空间数据的采集与组织、空间数据的转换与处理、空间数据的可视化表达、矢量数据的空间分析、栅格数据的空间分析、三维分析、空间统计分析、空间分析建模等。

2.2.3 地理空间数据

地理空间数据是地理信息系统的“血液”,包括空间数据和属性数据。地理空间数据是指以地球表面空间位置为参考的自然、社会和人文景观数据,可以是图形、图像、文字、表格和数字等,由系统的建立者通过数字化仪、扫描仪、键盘或其他通信系统输入,是软件系统作用的对象，是地理信息系统所表达的现实世界经过模拟抽象的实质性内容。不同用途的地理信息系统中数据的种类、精度均不相同，但基本都包括以下几个特点。

(1)某一坐标系下的空间位置。标识地理实体在某坐标系中的空间位置，可以是经纬度或平面直角坐标，也可以是矩阵的行数、列数序号等。

(2)实体间的空间关系。空间相关性指拓扑关系，表示点、线、面实体之间的空间关系，如网络节点与网络线之间的枢纽关系，边界线与面实体间的构成关系，面实体与岛或内部点的包含关系等。空间拓扑关系对于地理空间数据的编码、录入、格式转换、存储管理、查询检索和模型分析等有重要意义，是地理信息系统的重要特色。

(3)属性特征是与地理实体相联系的地理变量或地理意义。属性分为定性和定量的两种，前者包括名称、类型、特性等，如岩石类型、土壤种类、土地利用类型、行政区划等，后者包括数量和等级，如面积、长度、土地等级、人口数量、降水量、河流长度、水土流失量等。属性特征是一个较为抽象的概念，通过分类、命名、量算、统计得到。任何地理实体至少有一个共性，而地理信息系统的分析、检索和表示主要是通过属性的操作运算实现。

2.2.4　应用分析模型

地理信息系统应用分析模型的建立和选择是地理信息系统成功应用的重要因素，这是地理信息系统功能和目的所决定的。地理信息系统为解决各种现实问题提供了有效的工具，但对专一目标的解决，必须通过构建专门的应用分析模型。这些应用分析模型是客观世界中相应系统经由概念世界到信息世界的映射，反映了人类对客观世界利用改造的能动作用，并且是地理信息系统技术产生社会经济效益的关键所在，也是地理信息系统生命力的重要保证。图 2.2 所示为天际线分析。

图 2.2　天际线分析

2.3　地理信息系统的基本功能

2.3.1　数据采集

数据采集和输入是一项十分重要的基础工作，是建立地理信息系统不可缺少的一部分。没有数据的采集和输入，就不可能建立一个数据实体，更不可能进行数据的管理、分析和成果输出。

地理信息系统的核心是地理数据库，建立地理信息系统的第一步就是要将地面上的实体图形数据和描述它的属性数据输入到数据库中。数据输入即建立地理信息系统数据库的过程，就是将系统外部的原始数据传输到系统内，转化为计算机可识别的数字化格式，此过程也称为数据采集，它包括数字化、规范化和数据编码三个方面的内容。数据输入方法通常有键盘输入、手工数字化、扫描矢量化和用已有的数据文件输入。数据采集必须根据地理信息系统建立的内容、目的和用途来决定搜集的范围和种类。

1. 图形数据采集

图形数据也称空间数据，可分为几何数据和关系数据。

几何数据是描述地理实体的位置和形状大小等的量度信息，其表达方式是坐标串。从几何角度可把空间目标划分为点、线和多边形（面）三种基本类型，如图 2.3 所示。空间数据是基础，是关联地理实体的各种非图形信息的纽带。

点状

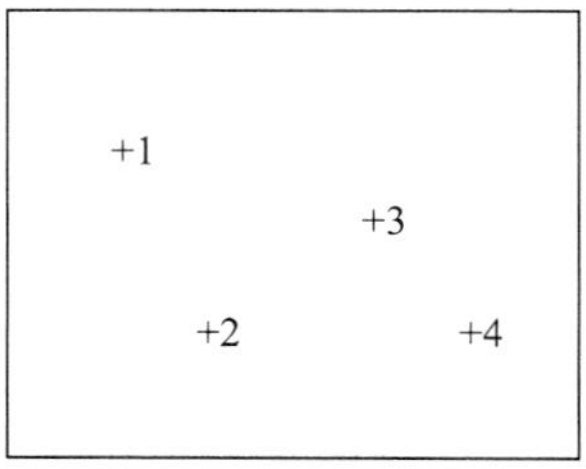

点号	(X,Y)坐标
1	2, 4
2	3, 2
3	5, 3
4	6, 2

线状

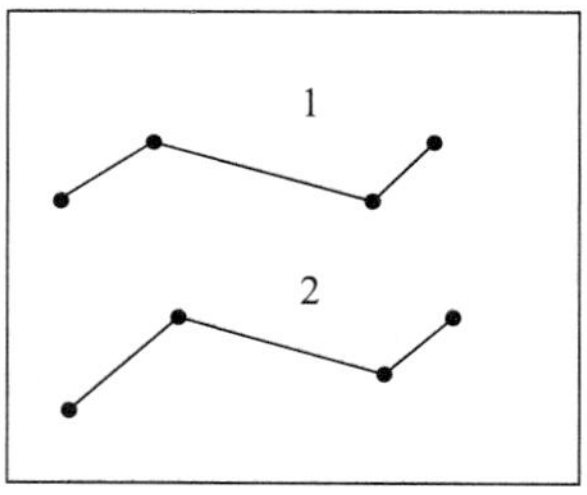

线号	(X,Y)坐标
1	1, 5 3, 6 6, 5 7, 6
2	1, 1 3, 3 6, 2 7, 3

面状

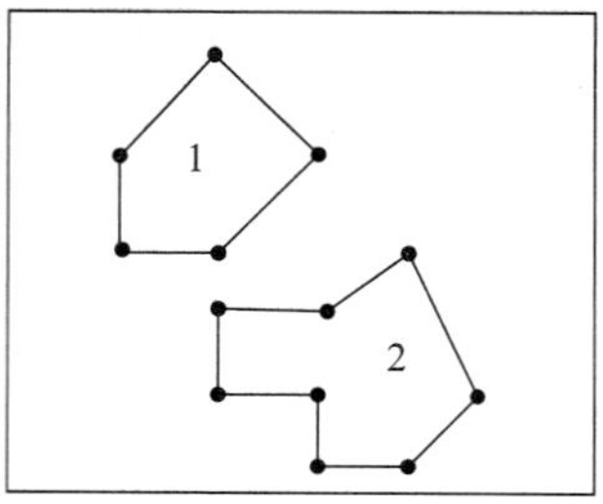

面号	(X,Y)坐标
1	2, 4 2, 5 3, 6 4, 5 3, 4 2, 4
2	3, 2 3, 3 4, 3 5, 4 6, 2 5, 1 4, 1 4, 2 3, 2

图 2.3　几何数据

关系数据是描述各个不同地理实体之间的空间关系，如邻接、关联、包含、连通等信息，其表达方式是建立实体间的连接信息。关系数据有助于各种空间分析和应用，如图 2.4 所示的空间关系。

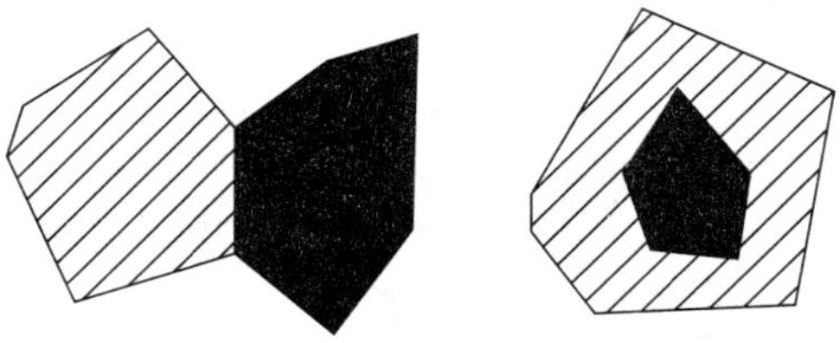

（a）邻接　　（b）包含

图 2.4　空间关系

2. **属性数据采集**

属性数据又称非空间数据，是空间实体的特征数据，是描述地理实体的社会、经济或其他专题的数据。属性数据的表达方式是字符串、各种代码或统计数值等，其来源包括各类调查报告、文件、统计数据、实验数据与野外调查的原始记录等，如人口数据、经济数据、土壤成分、环境数据。如图 2.5 所示。

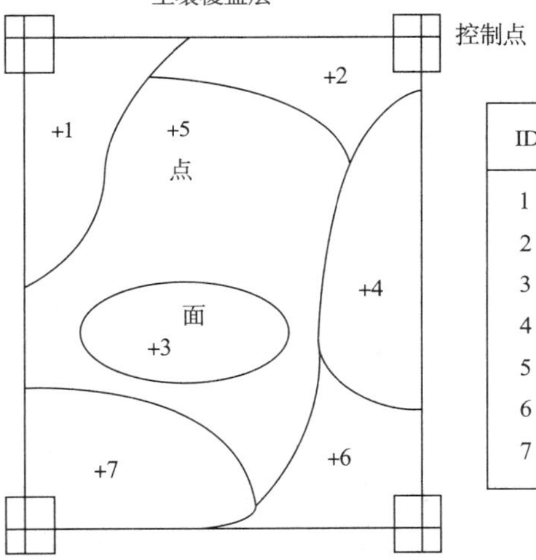

土壤属性

ID	土壤	分类	适应性
1	A3	113	高
2	C6	95	低
3	B7	212	中
4	B13	201	中
5	Z22	86	低
6	A6	77	高
7	A1	117	低

图 2.5　属性数据

属性数据是对地理实体的详细描述，在地理信息系统数据中占有很大比重，是系统处理的主要对象，它为管理、规划与决策提供充分的参考信息。

属性数据在地理信息系统中是空间数据的组成部分。例如，道路可以数字化为一组连续的像素或矢量表示的线实体，并可用一定的颜色、符号把空间数据表示出来，这样，道路的类型就可用相应的符号来表示。而道路的属性数据则是指用户希望进一步知道的道路宽度、表面类型、建筑方法、建筑日期、雨污水管线、特殊交通规则、每小时的车流量等。这些数据都与道路这一空间实体相关。这些属性数据可以通过给予一个公共标识符与空间实体联系起来。属性数据采集如图 2.6 所示。

只有当几何数据与属性数据有一共同的数据项时，才能将几何数据与属性数据自动地连接起来。当空间实体的几何数据与属性数据连接起来之后就可以进行各种空间分析的操作与运算。

图 2.6　属性数据采集

2.3.2　数据编辑

地理信息系统中的数据编辑是纠正地理信息数据错误的重要手段，主要包括对几何数据和属性数据的编辑。几何数据编辑主要是针对图形图像的操作，属性数据的编辑主要是对数据相关的语义化信息进行增加、删除、修改、复制等操作。

1. 几何数据编辑

地理信息系统的几何数据编辑功能多种多样，通常需要搭配相应的文件管理、数据获取、图形编辑窗口来进行相关编辑工作。编辑菜单示例如图 2.7 所示。常见的编辑功能包括几何图形的节点编辑、几何图形复制、线要素延伸、线要素打断、面要素切割、面要素合并等，面要素编辑效果如图 2.8 所示。

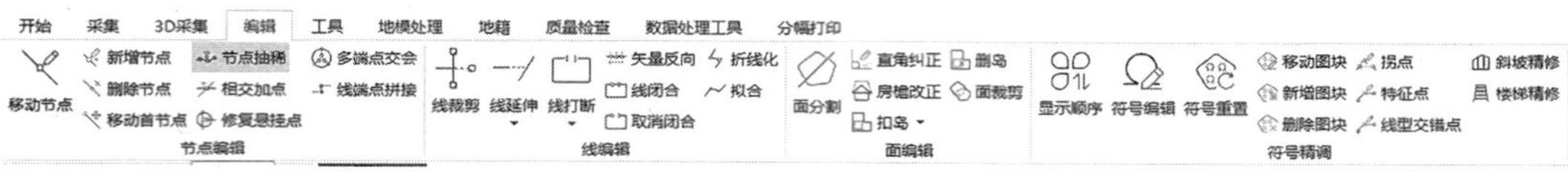

图 2.7　编辑菜单示例

2. 属性数据编辑

属性数据是用来描述实体对象特征和性质等的数据。许多地理信息系统都采用关系型数据库管理系统管理属性数据。关系型数据库管理系统能为用户提供一套功能很强的数据编辑和数据库查询语言，并建立友好的用户界面，以方便用户对属性数据的输入、编辑和查询。

地理信息系统所要获取、管理及分析加工的地理信息有三种形态，即空间信息、属性信息和关系信息。前面已经叙述有关空间信息即图形数据的编辑，关系信息的建立及编辑将在后文予以说明，这里介绍属性信息编辑功能的实现。

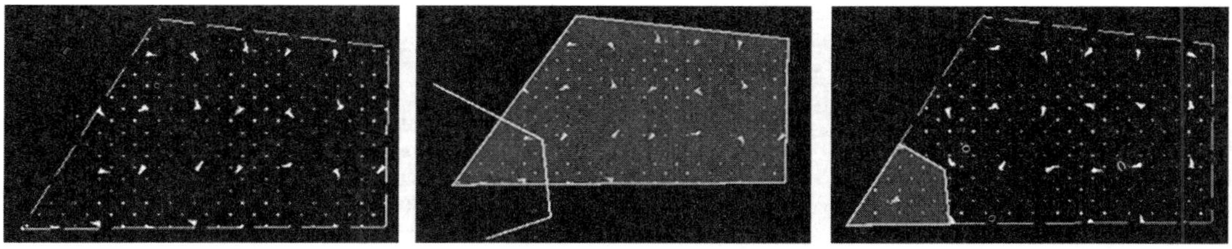

（a）面分割前　（b）面分割中　（c）面分割后

图 2.8　面要素编辑效果

对属性数据的输入与编辑，一般是在属性数据处理模块中进行的，但为了建立属性描述数据与几何图形的联系，通常需要在图形编辑系统中设计属性数据的编辑功能，主要是将一个实体的属性数据连接到相应的几何目标上，也可在数字化及建立图形拓扑关系的同时或之后，对照一个几何目标直接输入属性数据。系统通常提供属性值删除、修改、拷贝等常见属性数据编辑功能，如图 2.9 所示。

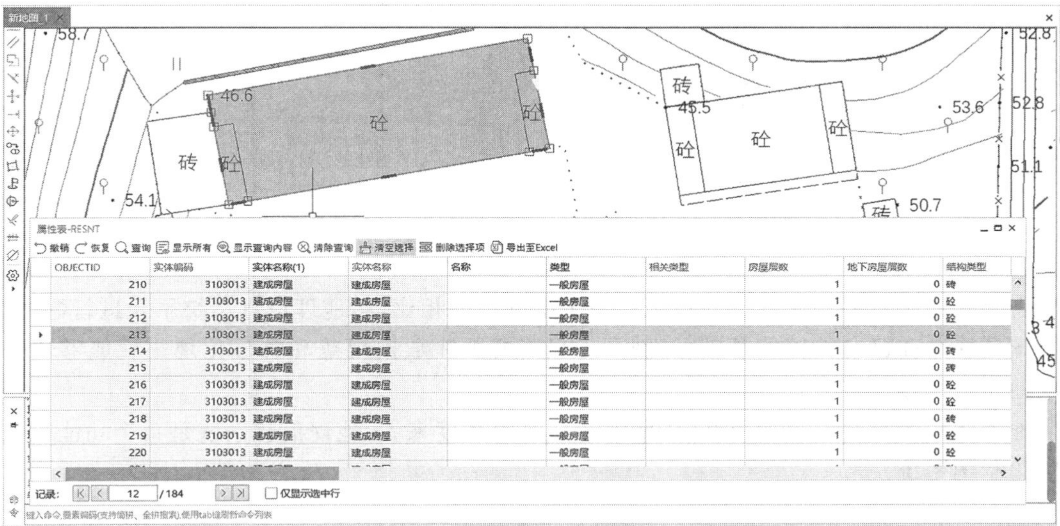

图 2.9　属性数据编辑

2.3.3　数据存储与管理

地理对象通过数据采集与编辑后，地理信息数据量十分庞大，数据结构复杂，需要通过数据管理系统来管理和储存，其功效类似于对图书馆的图书进行编目、分类存放，以便于管理人员或读者快速查找所需的图书。图 2.10 所示为数据分层分类存储展示，可以通过图层快速查找所需要的属性信息。

2.3.4　地图制图

随着地理信息系统在各行各业的深入应用，各信息化部门和生产单位都逐渐建立起自己的应用，同时积累了大量的地理数据。随着应用深度和广度的推进，针对数据建立专题应用越来越迫切，对行业专题制图的需求也进一步扩大。因此，如何围绕数据制作精美的地图以符合

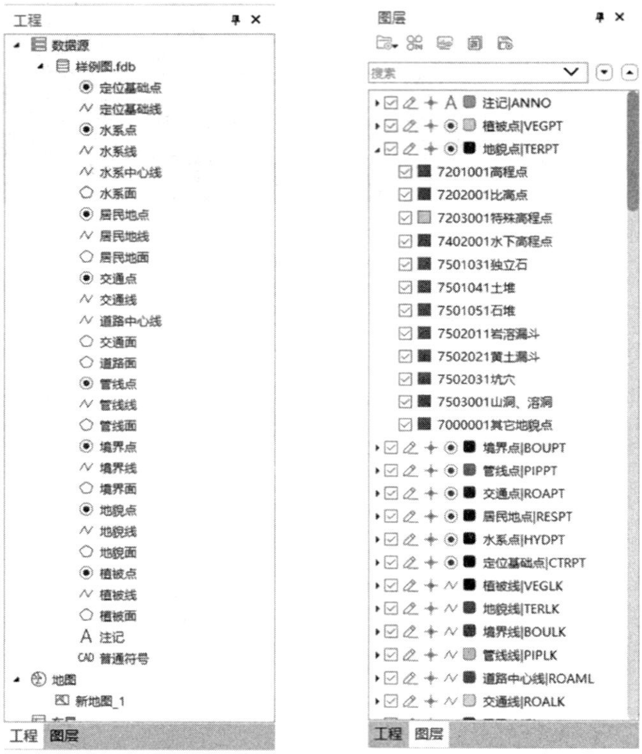

图 2.10　数据分层分类存储展示

应用需求是一个重要的课题。与传统的手工编制地图相比，用地理信息系统平台进行制图，地图制图是建立在已有数据的基础上，制图者只需要关注数据规范和符号化规则就能够快速地完成地图的制作。

地图制图的相关流程如图 2.11 所示。从测绘角度来看，地理信息系统是一个功能极强的数字化制图系统。

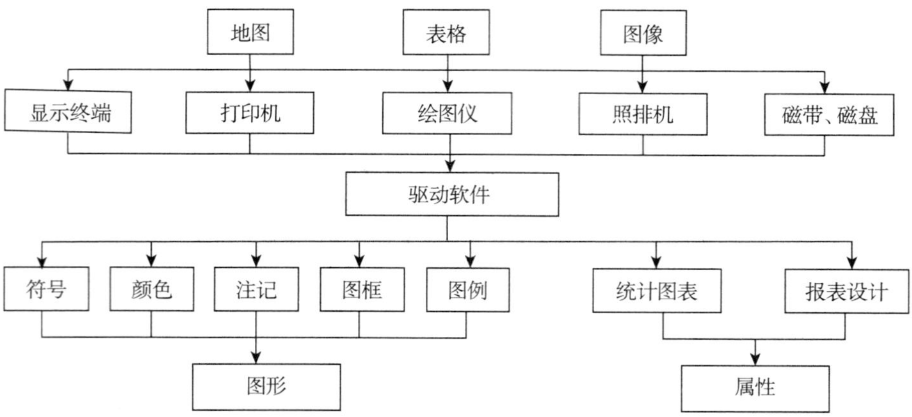

图 2.11　地图制图的相关流程

然而计算机制图需要涉及计算机的外围设备，各种绘图仪的接口软件和绘图指令不尽相同，所以地理信息系统中计算机绘图的功能软件并不简单，它需要设置绘图仪的种类、绘图比例尺，确定绘图原点和绘图大小等。软件将制图功能包含的上百条命令集成为可操作的流程化工具，还具有地图综合、分色排版的功能。软件通过内置分幅打印模块，将地图制图与输出的繁杂流程进行可视化，并提供流程化的地图制图输出工具。地图分幅模块包括数据分幅、图廓整饰、对象绘制、打印设置、布局设置、数据裁剪等功能工具。

地理信息系统根据数据结构及绘图仪的类型，输出各种地图，如全要素地图、行政区划图、利用现状图、规划图、交通图、等高线图等分层专题图。通过分析还可以得到各类分析用图，如坡度图、剖面图、透视图等。此外，系统在及时更新、对数字地图进行整饰、添加符号和注记、图廓整饰等方面也提供相应的功能。如图 2.12 所示。

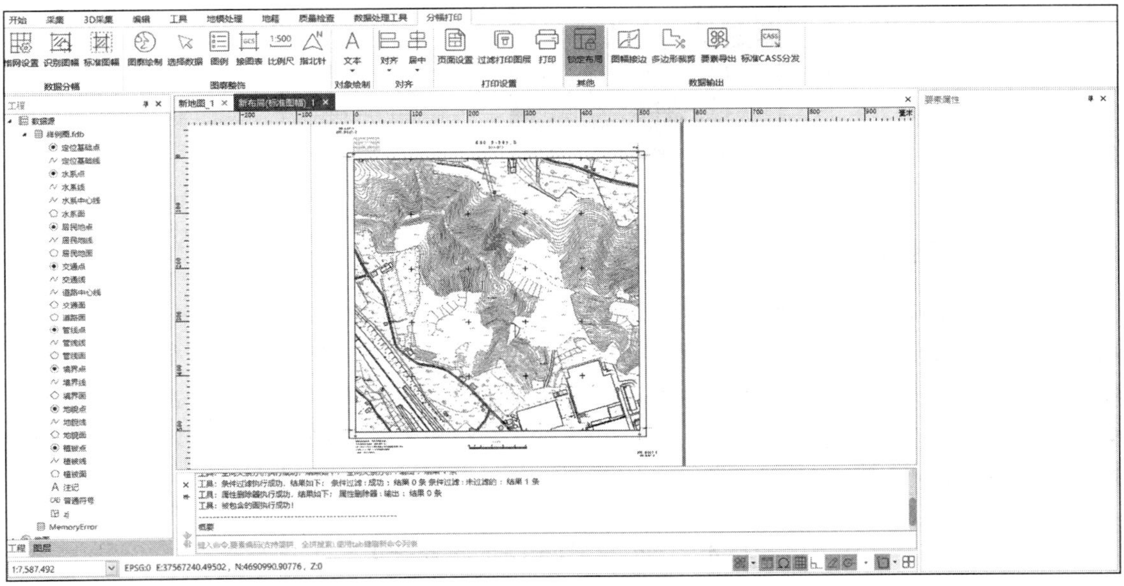

图 2.12　地形图制作

2.3.5　空间查询与空间分析

空间查询是地理信息系统的一项基本常用功能。空间数据存在着复杂的空间关系，这些关系可归纳为连通、邻接、相邻、相交、包含、相对位置、高度差等。因地理信息系统中包含了这些空间关系，只要有与查询稍有关系的信息，即可迅速准确地获得所需的信息。空间查询的目的是为用户查找满足特定条件的空间要素，不改变空间数据库数据，也不产生新的空间实体和数据。根据空间数据的主要类型，可以将空间查询技术分为矢量数据的查询和栅格数据的查询。

1. 矢量数据的查询

根据查询内容和方式的不同，可将矢量空间查询归纳为以下两种基本方式：

(1)图形与属性互查询。这是一种常用的查询方式，既可以是按属性信息的要求查询定位对象的空间位置(属性查图形)，也可以根据对象的空间位置查询有关属性信息(图形查属性)。

(2)拓扑查询。拓扑关系是一种重要的空间关系，被广泛应用于空间查询和空间分析中，如查询与之相邻的地物、查询院落中包含的房屋等。

2. 栅格数据的查询

栅格数据模型也被称为格网，常见的如数字高程模型(digital elevation model,DEM)、各类影像数据等。栅格数据的查询主要包括查询满足特定数值或数值区间的栅格数据、查询某范围内的栅格数据等，如图 2.13 所示。

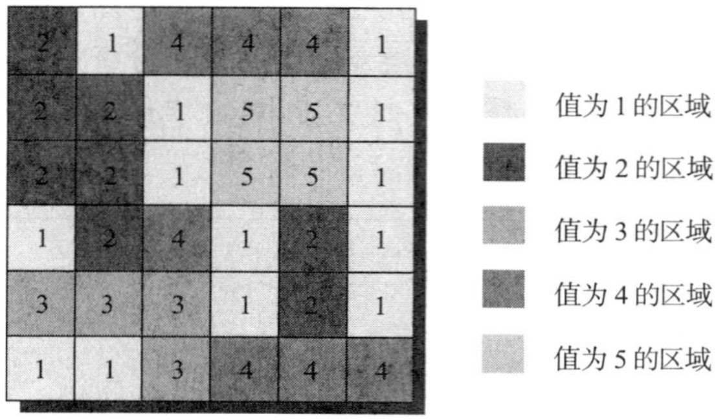

图 2.13 栅格数据查询示例

2.3.6 数据表达

地理空间数据表达是将物理世界的地理实体、地理现象在计算机内进行数字化表达，表达成计算机可以处理的地理对象。地理空间数据表达的关键步骤就是建立地理参考系，即将地球球面上的地理实体和地形现象投影到地图平面。具体的表达方式包括矢量表达、栅格数据表达，以及空间对象关系的表达。具体的栅格数据表达模型有规则镶嵌结构、四叉树数据结构、不规则镶嵌结构等。

2.4 地理空间数据模型

2.4.1 基本概念

数据模型是对现实世界中的数据与信息的抽象、表示及模拟。空间数据模型是建立实体的数据结构与实体之间的关系，能有效描述地理实体的数据表示方法，便于更好地应用。目前，在地理信息系统领域里，已提出的空间数据模型主要有矢量模型、栅格模型、矢量-栅格一体化模型、三维数据模型等。

2.4.2 矢量数据模型

矢量数据模型是当前地理信息系统中应用最广泛、与传统地图表达最接近的空间数据模型。矢量数据模型采用点、线及面(闭合的线)来表示所关注空间对象的轮廓、空间位置及其几何关系，并组织好属性数据，从而与空间特征数据共同来描述地理事物及其相互联系。任何点、线、面实体都可以用坐标(x,y)来表示。这里的(x,y)可以对应于地面坐标的经度和纬度，也可以对应于数字化时所建立的平面坐标系中的坐标。对于点则是用一对坐标(x,y)表示，对于线则是用一组有序的(x,y)坐标对表示，对于多边形则是用一组有序的但首尾坐标相同的坐标对表示。这些点是由光滑的曲线间隔采样而来。点、线、面实体坐标编码，如图 2.14 所示。

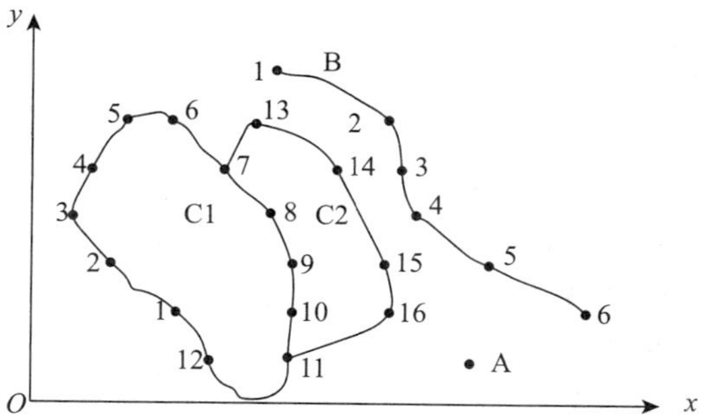

（a）坐标表示

	特征值	位置坐标
点	A	x, y
线	B	$x_1, y_1; x_2, y_2; x_3, y_3; x_4, y_4; x_5, y_5; x_6, y_6$
面	C1	$x_1, y_1; x_2, y_2; x_3, y_3; x_4, y_4; x_5, y_5; x_6, y_6; x_7, y_7; x_8, y_8; x_9, y_9; x_{10}, y_{10}; x_{11}, y_{11}; x_{12}, y_{12}; x_1, y_1$
	C2	$x_7, y_7; x_8, y_8; x_9, y_9; x_{10}, y_{10}; x_{11}, y_{11}$ $x_{16}, y_{16}; x_{15}, y_{15}; x_{14}, y_{14}; x_{13}, y_{13}; x_7, y_7;$

（b）坐标点编码文件

图 2.14　点、线、面实体坐标编码

1. 矢量数据模型的优势

（1）显示与表达点、线及面的空间位置及利用它们间的所有关联关系建立拓扑结构，具有较高的空间网络分析的能力。

（2）空间位置及输出图形的精度高。

（3）数据的存储量小，便于定义及操作单个目标，可以方便地进行坐标转换、拓扑分析等操作。

2. 矢量数据模型的不足

矢量数据模型数据结构复杂，如图 2.15 所示。

（1）缺乏与遥感影像及数字地面模型（digital terrain model，DTM）直接结合的能力。

（2）边界复杂或模糊的事物难以描述。

（3）数据结构较复杂，因而难以处理多种地图的叠加分析。

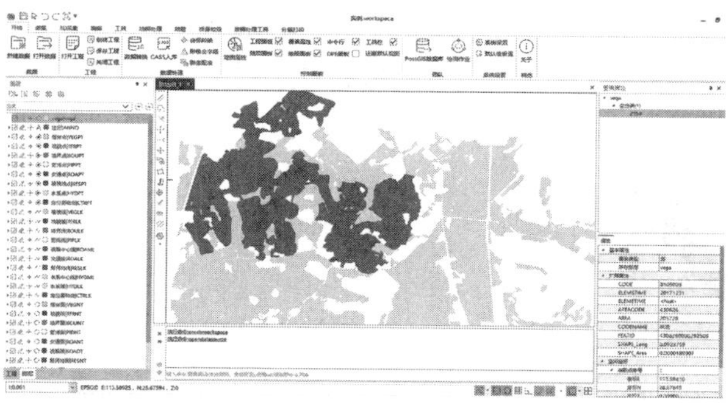

图 2.15　矢量数据

2.4.3 栅格数据模型

栅格数据模型是一种简单、直观的空间数据模型，它将地面划分成均匀的网格，每个网格单元均由行号、列号来确定它的位置，同时还具有表示实体属性的类型或值的编码值。在地理信息系统中，扫描数字化数据、遥感数据及 DTM 等均属于栅格数据。因为栅格数据结构所采用的行列阵的形式非常容易被计算机存储、操作及显示，所以给地理空间数据处理带来了极大的便利，已受到人们的普遍青睐。在栅格数据结构中，一个栅格像元所代表的地面区域大小，称为栅格数据的空间分辨率，简称为分辨率。栅格数据结构如果要更为精确地表达地理空间实体及空间对象，那么所取的格网就必须足够精细，即分辨率必须要足够高。地理数据在栅格数据结构中必须分层组织存储，每一层构成单一的属性数据层或专题信息层。例如同样以线性特征表示的地理要素，河流可以组织为一个层，道路可以作为另一层；同样以多边形特征表示的地理要素，湖泊可以作为一个层，房屋可以作为另一层；根据使用目的不同，可以确定需要建立哪些层及需要建立哪些描述性属性。如图 2.16 所示，左图是现实世界按专题内容的分层表示，第三层为植被，第二层为土壤，第一层为地形；中间是现实世界各专题层所对应的栅格数据层；右图是对不同栅格数据层进行叠加分析以得出分析结论。

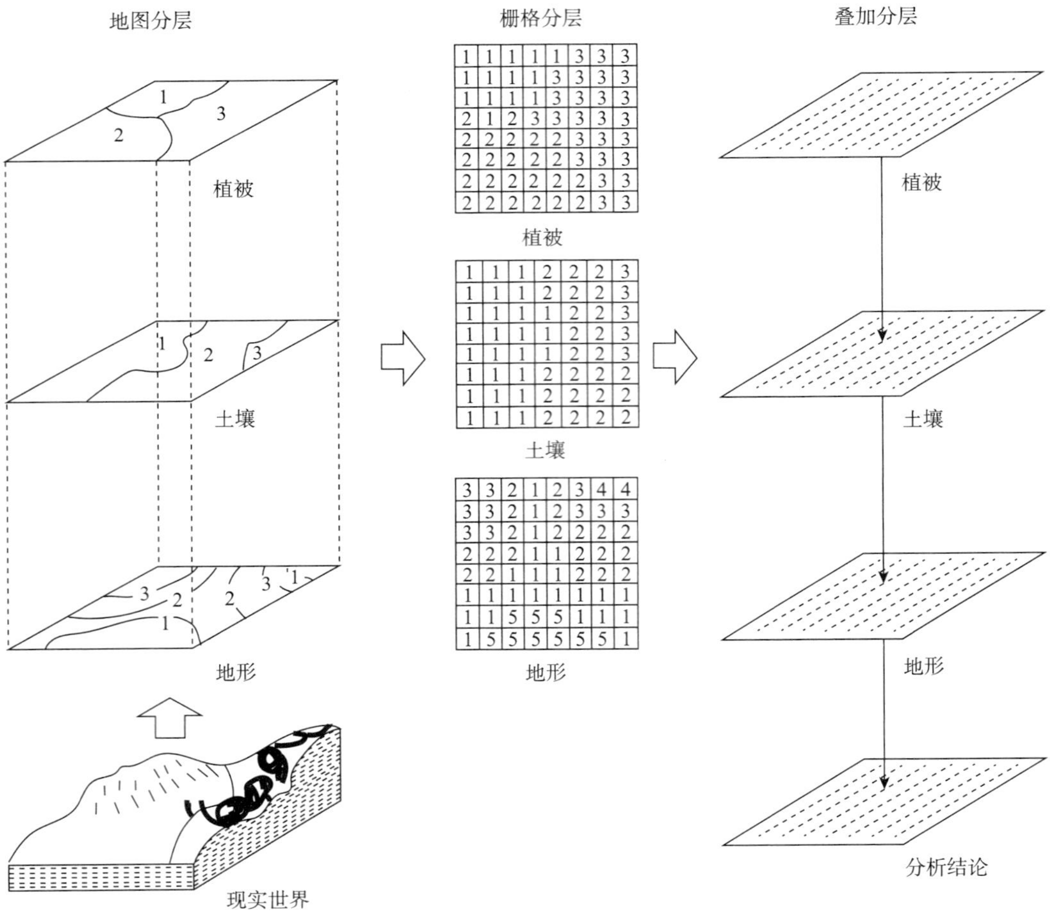

图 2.16 栅格数据模型的分层与叠加

1. 栅格数据模型的优势

(1)地图输出快。

(2)数据结构较简单。

(3)面状数据处理容易。

(4)快速获取大量的数据。

(5)便于进行数学模拟、多种地图叠加分析、空间分析、描述边界复杂或模糊的地物,尤其适合高级语言进行文件及矩阵处理,这也正是栅格结构被多数地理信息系统所接受的原因之一。

2. 栅格数据模型的不足

(1)数据存储量大。

(2)空间位置的精度低。

(3)难以建立网络连接关系。

(4)栅格数据在绘图比例尺不当时会显得比较粗糙,如图 2.17 所示。

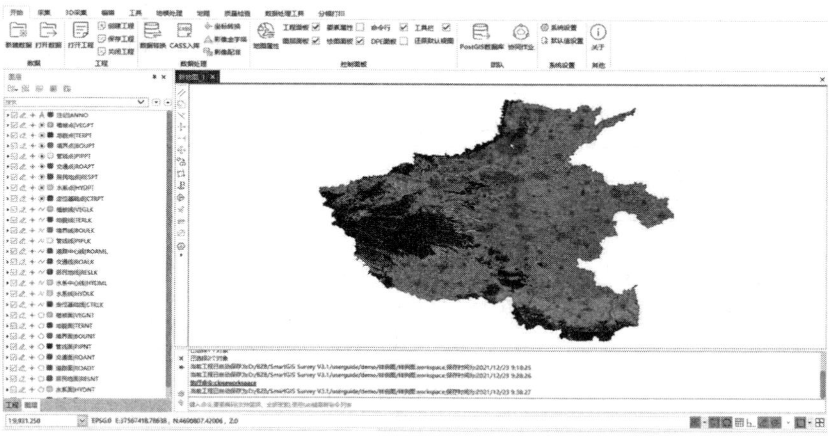

图 2.17　栅格数据

2.4.4　矢量-栅格一体化模型

从几何意义上看,空间目标通常有以下三种表达方式。

(1)基本参数表达。一个集合目标可采用一组固定参数来表示,如长方形由长、宽两参数来描述。

(2)元件空间填充表达。一个几何目标可认为是由各种不同形状及大小的简单元件组成,如一栋房屋可由一个长方体与四面体的房顶组成。

(3)边界表达。一个目标是由几种基本的边界元素,即点、线及面组成。

矢量数据结构与栅格数据结构都有各自的优缺点,而矢量-栅格一体化数据模型则同时具有矢量与栅格两种结构的优点。一方面,它具有矢量数据的全部特性,一个目标记录了所有的位置信息并可以建立拓扑关系,另一方面,它同时建立了路径栅格与地物的关系,即路径上的任一点都与目标直接建立了相互联系。因此,每个线性目标除了记录原始取样点之外,还同时记录了所通过的栅格;每个面状地物除了记录它的多边形周边之外,还包括中间的面状栅格。无论是点状地物、线状地物还是面状地物,都采用了面向目标的描述方法,即直接记录位置描述信息并进行拓扑关系说明，因而它完全保持了矢量的特性，并且元件空间充填建立了位置与地物间的关系，使它具有了栅格的性质。该数据结构就是矢量-栅格一体化的数据结构，它基本上同时具有两种数据模型的优点。

2.4.5 三维数据模型

三维数据模型的主要研究内容由三维数据结构、数据操作和完整性约束条件三要素组成，包括三维空间实体及空间关系的定义与表达、空间实体与非空间实体之间的直接或间接关系的描述与表达、空间实体和非空间实体之间的相互制约机制及限定时间序列下的动态变化、空间数据的完整性及一致性检验规则等。三维数据模型直接从三维空间的角度理解和表达现实世界的实体及实体间的相互关系，数据的组织方法反映了空间实体及实体间的相互关系。

三维数据模型是三维空间信息可视化的基础，数据模型的好坏基本上决定着三维地理信息系统的优劣和应用水平，因此三维数据模型也成为近年来地理信息系统领域的研究热点和难点。从三维数据模型的提出到现在，国内外学者提出了数十种三维数据模型。按照目前被广泛认可的分类方式，可以分为基于表面表示的模型、基于体表示的模型及由上述两种模型集成的混合模型。三维数据模型分类如图 2.18 所示，三维模型数据如图 2.19 所示。

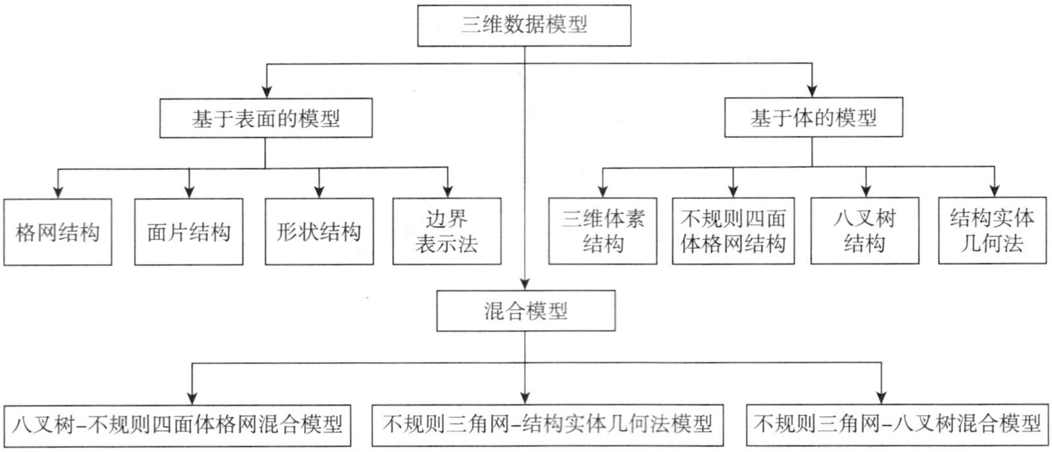

图 2.18 三维数据模型分类

图 2.19 三维模型数据

2.5　基础地理信息系统应用

地理信息系统的应用范围极为广泛，凡是需要考虑空间地理位置的地方都可能用到地理信息系统。地理信息系统在信息社会中已经深入各行各业乃至各家各户，成为人们生产、生活、学习、工作中不可缺少的强有力的信息工具。下面介绍其在几个方面的应用。

1. 全球资源环境动态监测

将地理信息系统与遥感数据结合，建立全球资源环境动态监测系统。目前，许多资源卫星以短周期(几天至十几天)的重复观测、优于 1 m 甚至 0.5 m 的地面分辨率及多波段扫描提供大量的遥感观测数据，为实现全球变化动态监测提供了强有力的技术保障(图 2.20)。

图 2.20　气象卫星

2. 行业管理研究

地理信息系统一直广泛应用于行业管理研究，如全国范围的自然资源调查、环境研究、土地详查与利用、森林管理、农作物估产、各种灾害预测与防治、国民经济调查和宏观决策分析等，提供基础地图服务和空间分析服务。自然资源调查影像图如图 2.21 所示。

3. 城乡建设管理

在城乡建设管理中，地理信息系统结合高精度卫星影像、实时测绘成果，协助实现管理的精准化、实时化，如土地管理、房地产经营、污染治理、环境保护、交通规划、管线管理、市政工程服务和城市与乡镇规划等业务的开展，都与地理信息系统应用紧密相关。我国许多城市先后建立了地籍管理信息系统、城市规划管理信息系统、市政管网信息系统、城市防洪防汛管理信息系统、交通管理信息系统等。

4. 企业生产经营管理

企业在生产经营管理过程中，通常也需要将业务与地理信息相结合，如利用航测方法建立和更新矿区地理信息系统，在此基础上设计开采面作业计划、矿石运输线路、废矿石堆放位置，从而使生产作业达到最佳状态。

图 2.21 自然资源调查影像图

5. **商业服务**

为了引资开发新的产业，为企业创造空间竞争优势，如为了有偿使用和转让土地使用权，很多地区都投资建立了相关的地理信息系统，充分显示了地理信息系统的商业价值。

6. **军事服务**

在战争中，将地理信息系统与遥感信息集成，用自动影像匹配和自动目标识别技术处理卫星和高低空侦察机实时获得的战场数字影像，及时地将反映战场现状的正射影像图叠加到数字地图上，为军事决策提供实时服务。

思考题

一、选择题(单选)

1. 以下哪个选项是地理信息系统特征？（ ）

A. 统一的地理定位　　B. 政府和市场有着充足的服务需求

C. 测绘基准构建　　D. 地理分布

2. 空间数据模型不包含以下哪个选项？（ ）

A. 栅格模型　　B. 矢量模型

C. 栅格-矢量一体化模型　　D. 时空数据模型

3. 栅格数据的优势为(　　)。

A. 地图输出快　　B. 数据结构较复杂

C. 线状数据处理容易　　D. 地理分布直观

二、简答题

1. 简述地理数据和地理信息的关系。
2. 简述地理信息系统的特征。
3. 简述地理信息系统的概念。

第 3 章　三维地理信息系统

随着新型数据采集手段、地理信息技术、计算机图形学、虚拟现实技术等各种技术的不断发展，三维地理信息系统作为地球空间信息技术的重要分支，已经成为测绘地理信息行业的研究热点，并被其他关联业务和行业广泛使用。本章将重点介绍三维地理信息系统的关键技术。

3.1　三维地理信息系统概述

在传统二维地理信息系统中，地理时空信息主要是以二维平面的形式呈现给使用者。这种形式继承了普通二维地图的显示特点，对搭载设备的硬件条件要求较低，数据传输量较小。通过数十年的发展，其管理、展示、运算、分析等能力得到充分的挖掘和实现，并被广泛应用。但二维地理信息系统在数据表达及呈现方式上直观性较差，使用者通常需要一定的地理信息相关知识才能很好地进行信息的判读和系统的使用，这类专业性要求直接影响着地理信息系统的用户适用度。进入 20 世纪 90 年代后，三维可视化与虚拟现实技术的迅猛发展为地理信息系统注入新的技术能力和实现思路，三维地理信息系统（三维 GIS）和其相关技术逐步成熟，目前已成为非常活跃的研究领域。

三维 GIS 就是从数据结构到空间查询再到建模分析，都建立在三维数据模型基础上的地理信息系统。三维 GIS 功能的实现及实用系统的开发，关键在于三维数据模型与数据结构、三维空间关系与空间分析及三维可视化等关键问题的解决。和二维 GIS 一样，三维 GIS 需要具备完善的空间数据处理能力，包括数据获取、数据组织、数据可视化、数据操作和数据分析等，如图 3.1 所示。

图 3.1 三维地理信息系统

相较于传统二维 GIS，三维 GIS 具备以下优势：

(1)地理空间数据的表达和展示更为直观。地理空间数据主要以图形、图像的形式，具体地显示出来，再通过将科学计算过程及计算结果所产生的枯燥的数据转换成直观的图形和图像信息，来辅助使用者获取和挖掘地理空间数据所蕴含的关系和规律，以支持多重应用。而三维地理信息系统采用三维的形式来呈现和展示相关数据，仿真人脑映像的构造过程，更能真实还原现实世界，帮助用户更加直观、准确地认知地理空间数据，二维影像与三维模型的区别如图 3.2 所示。

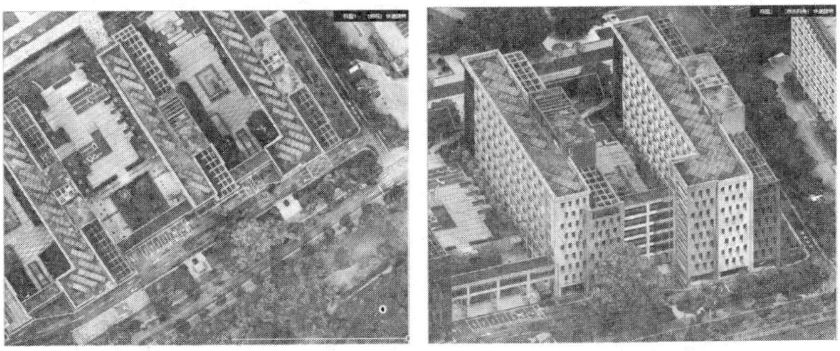

(a) 二维影像　　(b) 三维模型

图 3.2　二维影像与三维模型的区别

(2)支持多维多源数据。随着技术的不断发展，地理空间数据的表达形式和载体也越来越丰富，除了传统的各种格式的二维栅格数据（如数字高程模型、数字正射影像图、瓦片地图等）、二维矢量数据（如数字线划图等），还有点云、多波束数据、三维倾斜模型、建筑信息模型(building information model，BIM)等三维数据。目前，新一代的三维 GIS 不仅继承了传统地理信息系统对二维数据的运用能力，更能够很好地支持二维、三维数据的一体化存储、分析、管理和应用，在数据的支持度方面有极大的提升。多源数据融合（点云＋模型）如图 3.3 所示。

图 3.3　多源数据融合（点云＋模型）

(3)空间分析能力更为强大。空间分析能力是地理信息系统区别于一般信息系统的重要方面，是地理信息系统的核心功能，也是评价一个地理信息系统成功与否的主要指标。二维 GIS 的空间分析有一定的局限性，难以实现复杂的立体空间运算，并且受到所支持的数据信息量的限制，对于部分空间分析，如日照分析、缓冲分析，其精准度和适用性不足。三维 GIS 不仅可以调用二维 GIS 中所有的分析功能，也能够实现天际线分析、通视分析、水淹分析、光照分析等三维分析功能，如图 3.4 所示，充分体现地理信息系统的特点和优越性。

（a）天际线分析

（b）通视分析

（c）水淹分析

（d）光照分析

图 3.4　三维分析功能

现阶段三维 GIS 已被广泛应用于智慧城市、电力、气候、交通、通信、军事、公安、旅行和建筑等各个领域。随着应用的深入，研究方向和内容也以二、三维一体化技术为基础框架，通过进一步拓展二、三维一体化数据模型，融合倾斜摄影、建筑信息模型、激光点云等多源异构数据的挖掘与应用，推动三维 GIS 实现室外室内一体化、宏观微观一体化与空天-地表-地下一体化，从而赋能全空间的三维 GIS 应用。三维应用案例如图 3.5 所示。

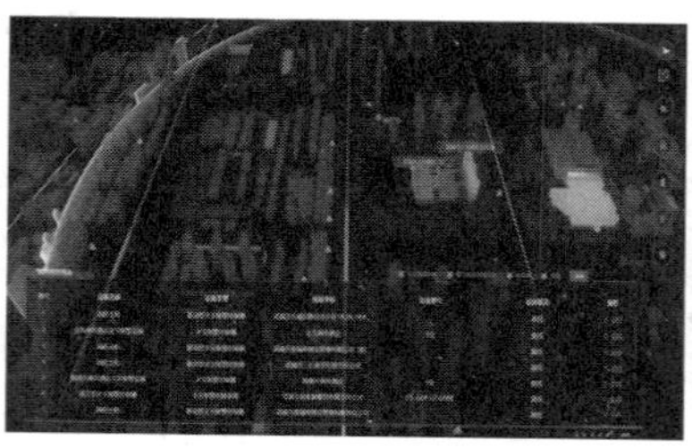

（a）三维消防应用

（b）三维水利应用

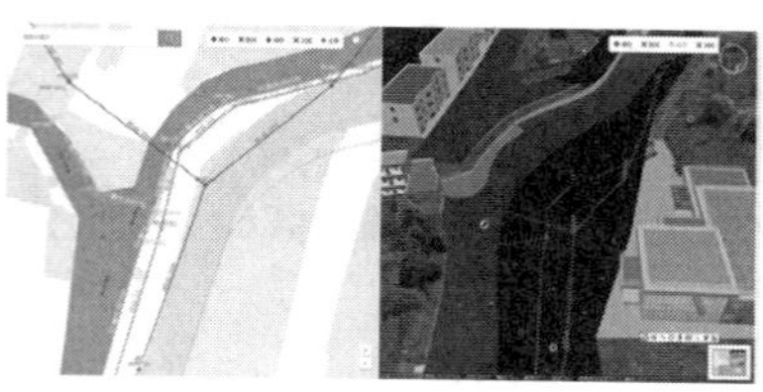

（c）三维地下管网应用

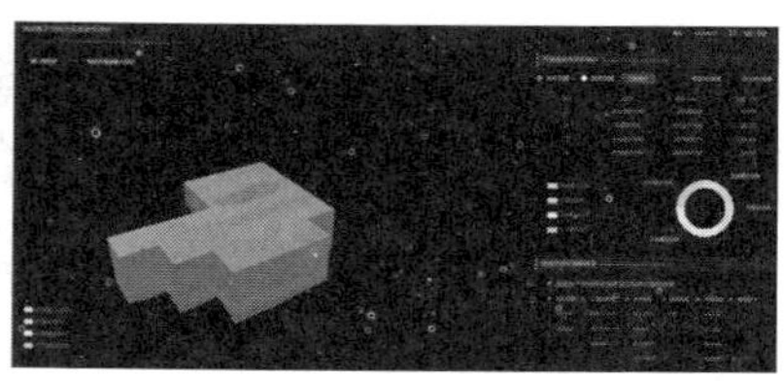

（d）三维地质分析应用

图 3.5　三维应用案例

3.2　三维网络地理信息系统

3.2.1　网络地理信息系统

网络地理信息系统(WebGIS)是互联网技术应用于地理信息系统开发的产物，是现代地理信息系统技术的重要组成部分，是一种交互式的、分布式的、动态的地理信息系统，如图3.6所示。它有多个主机、多个数据库的服务器端，并由用户机与服务器(HTTP服务器及应用服务器)相连所组成。用户可以通过浏览器浏览WebGIS站点进行各种空间数据查询、浏览、检索和分析。WebGIS技术近年来得到快速发展，其应用也扩展到地理信息系统应用领域的各个方面。地理信息系统正是通过计算机网络才得以迅速扩展，成为真正服务于大众的工具。

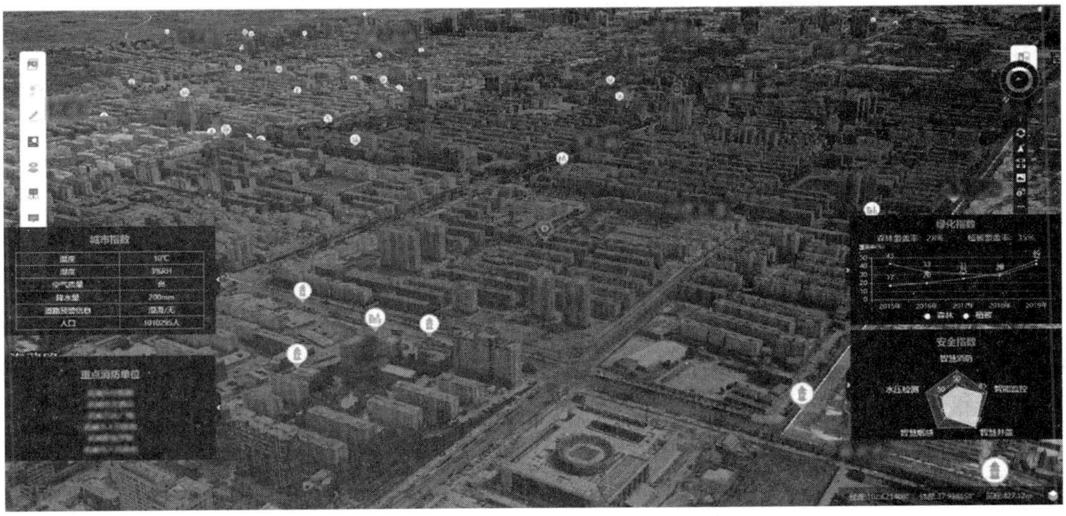

图3.6　WebGIS示例

与传统的基于桌面端的地理信息系统相比，WebGIS具有以下优点：

(1)更广泛的访问范围。用户可以同时访问多个位于不同地方的服务器上的最新数据，而这一网络所特有的优势大大方便了系统的数据管理，使分布式的多数据源的数据管理和合成更易于实现。

(2)平台具有独立性。无论服务器或用户机是何种机器，无论WebGIS服务器端使用何种GIS软件，由于使用了通用的Web浏览器，用户就可以透明地访问WebGIS数据，在本机或某个服务器上进行分布式部件的动态组合和空间数据的协同处理与分析，实现远程异构数据的共享。

(3)可以大规模降低系统成本。专业GIS软件非常昂贵，多数用户经常使用其中的基础功能，使用基础功能的用户可以在WebGIS客户端通过使用Web浏览器(有时还要加一些插件)就能完成日常操作。对比使用全套专业GIS软件的成本，WebGIS软件的成本明显要节省得多，因客户端的简单性而节省的维护费用也不容忽视。

(4)更简单的操作。要广泛推广地理信息系统，使地理信息系统为广大的普通用户所接受，而不仅仅局限于少数受过专业培训的专业用户，就要降低对系统操作的要求。通用的

Web 浏览器无疑是降低操作复杂度的最好选择。

(5)平衡高效的计算负载。传统的地理信息系统大都使用文件服务器结构的处理方式，其处理能力完全依赖于客户端，效率较低。而当今一些高级的 WebGIS 能充分利用网络资源，将基础性、全局性的处理交由服务器执行，而对数据量较小的简单操作则由用户端直接完成。这种计算模式能灵活高效地寻求计算负荷和网络流量负载在服务器端和用户端的合理分配，是一种较理想的优化模式。

3.2.2 三维 WebGIS

随着智慧城市、实景三维中国、数字孪生、元宇宙等概念的提出，地理信息系统使用者对三维可视化、高仿真虚拟视觉效果、访问便捷度、实时性等要求越来越高。同时，三维建模和三维可视化、5G、云计算、物联网等技术迎来快速发展，推动三维 WebGIS 在需求和技术上都逐渐成为主流方向，被陆续运用在相关领域中。

1. 基于 Web 的三维可视化技术

在地理学领域，三维可视化技术能提供更为直观的可视化效果，但是传统的 WebGIS 是针对二维的栅格和矢量数据开发的，因此将三维可视化技术融入 WebGIS 是很有必要的。随着计算机网络技术的发展，基于 Web 的三维可视化技术也得到了快速的发展，并有着广泛的应用。本节将介绍基于 Web 的三维可视化关键技术。

1)WebGL(Web 图形库)技术

传统的用于实现三维数据的 Web3D 技术包括 VRML、X3D、Java3D 等，这些都需要安装插件或者加载组件才能实现，而且具有操作性复杂、兼容性差等缺点。因此，实现三维 WebGIS 的免插件环境将是网络三维可视化技术发展的关键。

2011 年，WebGL 1.0 标准推出，让网页应用进入了三维时代。WebGL 是一个 JavaScript API(应用程序接口)，可在任何兼容的 Web 浏览器中渲染高性能的交互式三维和二维图形，而无须使用插件。

WebGL 作为新一代 Web 图形标准，具有两大优点：

(1)WebGL 通过 HTML 脚本本身实现 Web 三维交互功能，不需要任何浏览器插件支持。

(2)WebGL 对图形渲染是利用本机的硬件，通过统一的、标准的、跨平台的 OpenGL 接口实现的，所以 WebGL 可以运行于许多不同的硬件设备之上，如桌面计算机、智能手机、平板计算机等。

WebGL 标准的出现为 Web 浏览器带来无插件的三维图形加速，其兼容性强、渲染效果好，获得了众多浏览器生产厂商的支持。该技术的出现使得三维数据不依靠插件直接在网络浏览器中实现可视化成为现实。

2)Three.js

目前，大多数常见浏览器都实现了对 WebGL 标准的支持，但 WebGL 原生的 API 是一种非常底层和基础的接口，对于没有相关基础的人来说，入门难且开发周期长，不利于技术的快速应用和相关系统的快速开发。

这种情况下，Three.js 应运而生，它不但对 WebGL 进行了封装，将复杂的接口简单化，而且基于面向对象的思维，将数据结构对象化，非常方便使用者进行调用和开发。Three.js 除了封装了 WebGL 原始的 API 之外，还包含了许多实用的内置对象，可以方便地应用于游戏开发、动画制作、幻灯片制作、高分辨率模型和一些特殊的视觉效果制作，效果更为丰富。Three.js 开发示例如图 3.7 所示。

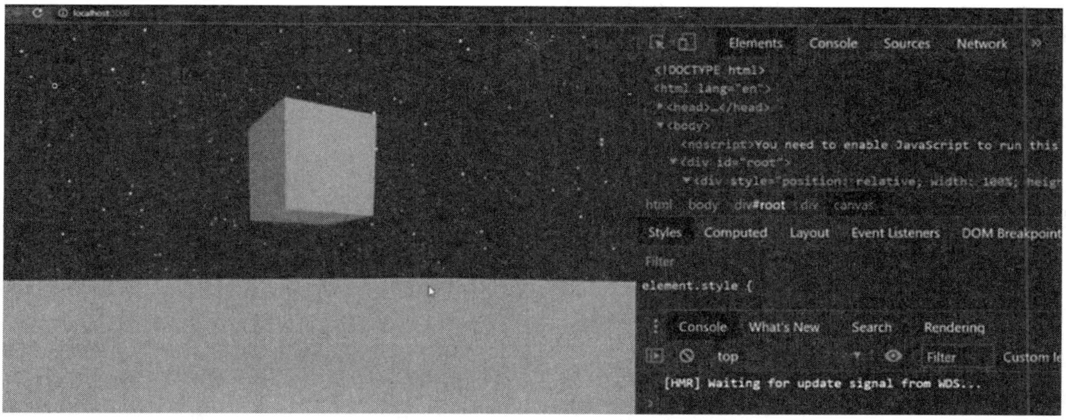

图 3.7　Three.js 开发示例

3）CesiumJS

和 Three.js 一样，CesiumJS 同样也是基于 WebGL 封装的 JavaScript(JS)库。它可以用来显示海量三维模型数据、影像数据、地形高程数据、矢量数据等地理空间数据，因此对比 Three.js 等引擎，它在地图、空间信息等方面的能力更强，也更加适用于常规三维 WebGIS 的开发和实现。

CesiumJS 支持的数据格式和数据源厂家接口包括：

（1）影像数据：Bing、天地图、ArcGIS、OSM、WMTS、WMS 等。

（2）地形数据：ArcGIS、谷歌、STK 等。

（3）矢量数据：KML、KMZ、GeoJSON、TopoJSON、CZML。

（4）三维模型：GLTF、GLB(二进制 GLTF 文件)。

（5）三维瓦片：3D Tiles(倾斜摄影、人工模型、三维建筑物、CAD、BIM、点云数据等)。

CesiumJS 是目前运用最为广泛的三维 WebGIS 开发平台，它优秀的三维数据加载、渲染、浏览、操作和分析能力，被广泛应用于自然资源、应急、城市管理、旅游等行业。

4）Cesium for Unreal

Cesium 的虚幻引擎(unreal engine，UE)是一款游戏开发平台，提供了游戏开发者需要的大量核心技术、数据生成工具和基础支持。在三维引擎领域，采用“开源＋商业授权”模式的虚幻引擎 UE4，截至 2019 年 3 月，全球用户规模突破 750 万，2021 年 5 月 26 日发布的虚幻引擎 UE5，更是在业界引起了不小的轰动。

虚幻引擎的核心优势主要在于强大的“场景表现力”和高精度、高逼真的三维渲染能力，一方面通过实时动态的渲染，另一方面可以真实模拟现实世界的运行规则，这些技术也正是“数字孪生”迫切需要的。

2021 年 3 月 30 日，Cesium for Unreal 正式发布，这一专门为虚幻引擎研发的插件引用的数据来源是 Cesium SaaS(software-as-a-service)服务中的数据服务，它让虚幻引擎首次拥有了高精度三维真实地理场景的表现能力，为模拟真实世界打开了一扇新的大门。借助于 Cesium for Unreal 插件，虚幻引擎可以直接接入大规模使用真实地理坐标的数据从而支持地理信息系统的分析和查询功能，也可以利用虚幻引擎在可视化表现和三维渲染方面的超强能力，制作大屏等炫酷的效果，改善用户视觉体验，为更多用户带来更具交互性、真实感、沉浸感的三维体验。Cesium for Unreal 实例如图 3.8 所示。

图 3.8 Cesium for Unreal 实例

目前，这类技术融合还处于比较初期的阶段，适用性、效率等方面都有不少限制，还有不少技术壁垒需要突破：

(1)对地理信息系统二维三维数据、坐标系的支持未达到理想状态。

(2)需要人工对数据进行优化，才能发挥平台的最佳渲染性能。

(3)对硬件配置要求较高，若想实现更好的渲染，需要使用专业级显卡。

(4)系统建造成本较高。

2. 三维 WebGIS 的主要功能

随着图形学理论、数据库理论技术、三维空间技术、互联网技术的进一步发展，三维 WebGIS 技术加快发展并逐步成熟，地理信息领域各大厂商都有相关的产品或平台推出。接下来以南方测绘集团 SmartGIS Web3D 平台为例，介绍三维 WebGIS 的主要功能。

SmartGIS Web3D 是基于 CesiumJS 开源框架开发的三维 Web 平台，提供在线一体化的二、三维地理空间数据发布、三维场景搭建及丰富的三维空间分析功能。它可以快速构建个性化的三维应用场景，满足各类业务场景需求。平台技术架构如图 3.9 所示。

平台先通过底层的多源数据融合引擎，提供多源数据加载、融合和展示的基础能力；然后通过轻量化引擎进行海量三维数据的在线处理和轻量化，解决网页端加载三维数据的效率和后台数据管理效率；再通过服务发布引擎(Server 引擎)，对轻量化后的多源数据进行共享发布，供系统和浏览器调取、查看；最后配合已搭载的网页端 GIS 服务，为用户提供所需的基础功能和相关应用功能。

SmartGIS Web3D 和常见的三维 WebGIS 平台一样，融合了三维可视化技术、GIS 基础功能和基于三维的相关基础应用功能。

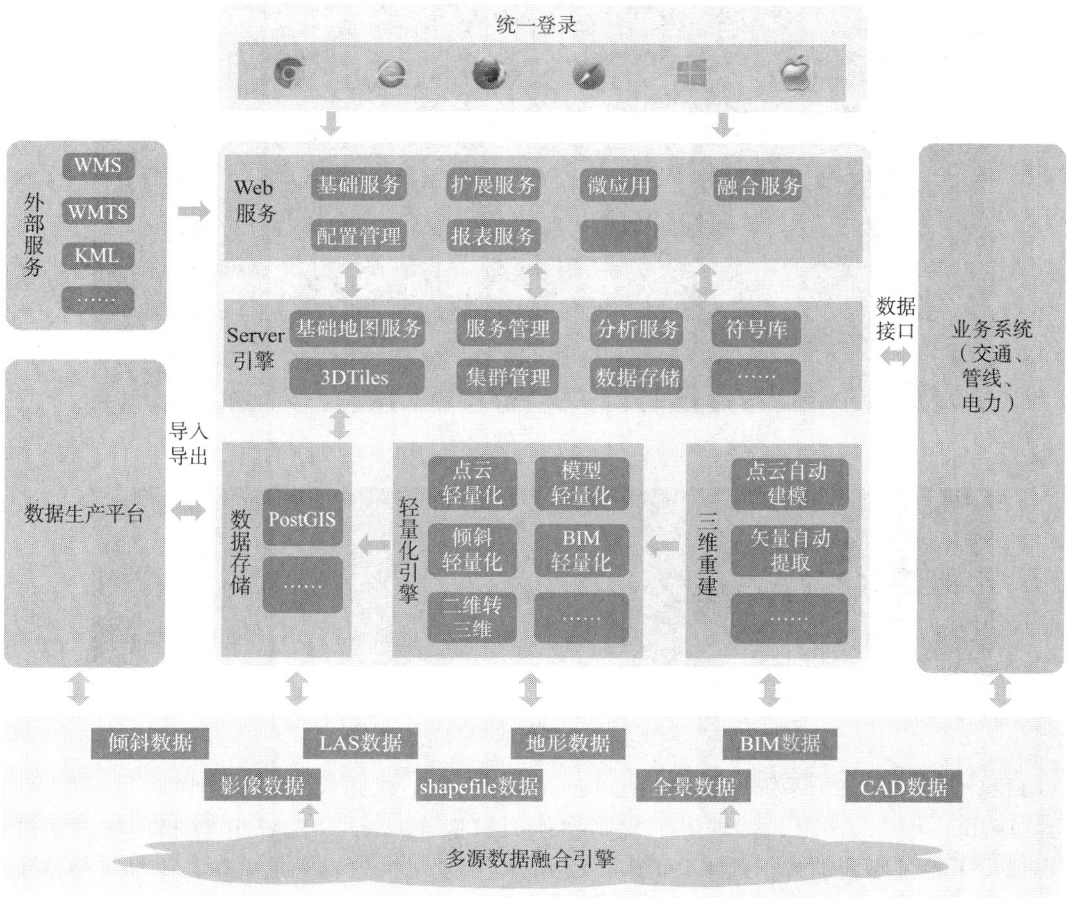

图3.9　平台技术架构

1）三维场景构建

SmartGIS Web3D通过组件式的交互界面，支持加载丰富的数据类型、提供强大的功能组件及三维特效，帮助用户快速创建场景、添加二维三维数据、设置图层属性与图层风格等实用操作，满足直观表达三维地理信息的需求。

（1）数据加载和图层配置。SmartGIS Web3D支持地形影像、倾斜摄影、建筑信息模型、激光点云、矢量、全景影像等多源数据，通过图层配置将各数据以素材的方式加载到场景中。图层配置如图3.10所示。

（2）在线地图加载。支持访问多种类型的在线地图服务，支持第三方公开地图服务，如Esri影像图、天地图数据、谷歌影像图、百度地图等，为场景提供基础底图。

（3）环境效果配置。使用相关功能可进行光照显影、阴影显隐、天气配置等三维模拟，效果如图3.11所示。

图 3.10　图层配置

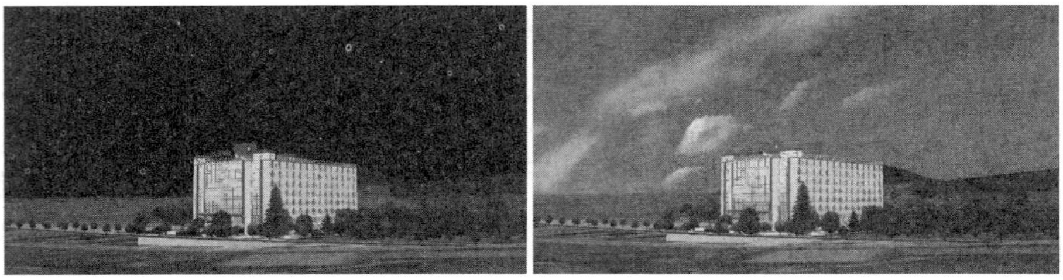

图 3.11　环境效果配置

(4)粒子效果。粒子系统(particle system)作为模拟不规则模糊物体的图形生成技术,被广泛地应用于火焰、云、雨、雪、烟等不规则物体的模拟。SmartGIS Web3D 利用粒子系统技术,模拟出了各种不同的粒子效果,如图 3.12 所示,实现了抽象视觉现象在三维场景中富于真实感的表达。

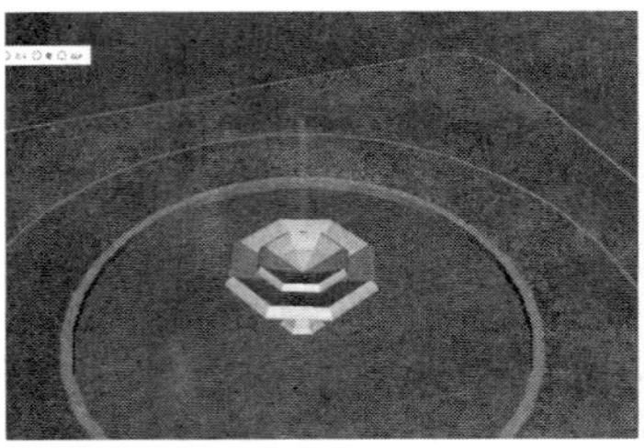

(a) 喷泉

(b) 雪

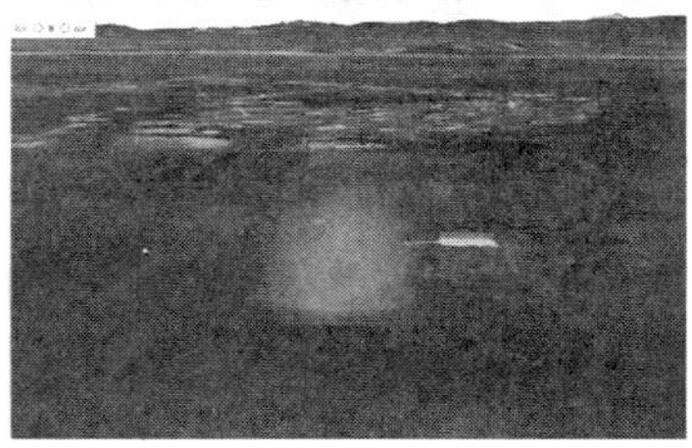

(c) 火焰

(d) 雨

(e) 雾

(f) 流水

图 3.12　粒子效果

2)基础功能

SmartGIS Web3D的基础功能主要包含基础测量、坐标拾取、坐标定位、鹰眼、透明度设置、位置编辑、添加标注、二维三维联动、地下模式等，如图3.13所示。

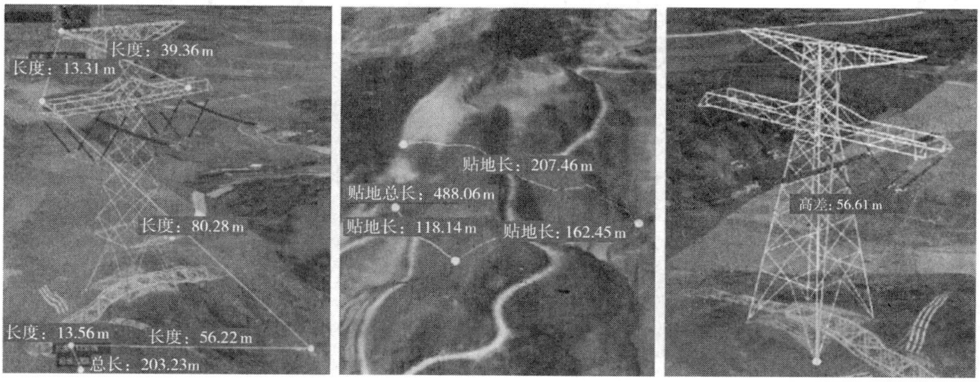

图3.13　基础功能

3)场景导览

交互操作、寻找场景关注点(point of interest，POI)的能力是衡量三维体验的重要指标。SmartGIS Web3D提供了一系列场景浏览功能，如行走模式、室内地图、杆塔定位、视点书签、全景关注点、路径漫游等功能，满足用户快速浏览使用三维场景的需求，提高了虚拟环境中的真实感和沉浸感，如图3.14所示。

(a)飞行——圆锥扫描　(b)飞行——线下轨迹　(c)车辆漫游

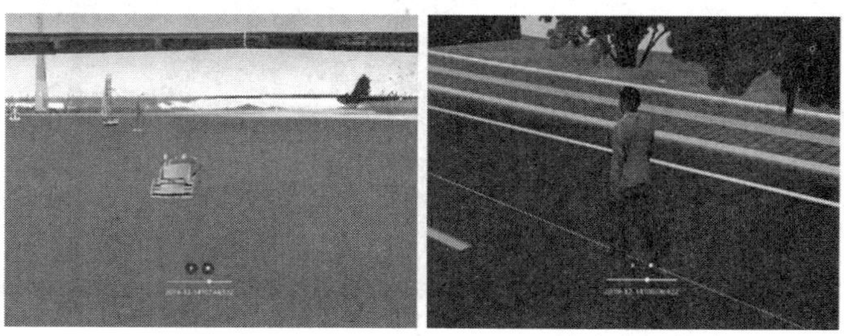

(d)轮船漫游　(e)行人漫游

图3.14　路径漫游

4)空间分析

空间分析功能是所有地理信息系统的核心。SmartGIS Web3D分析模块提供了专业化的空间分析功能，并在此基础上进一步扩展了应用的广度和深度，增加了丰富的行业分析功能，充分满足不同类型用户的三维分析应用。

(1)空间查询。查询框选空间范围内满足过滤条件的对象及其属性，如图 3.15 所示。

图 3.15 空间查询

(2)缓冲区分析。缓冲区分析是指以点、线、面实体为基础，自动建立其周围一定宽度范围内的缓冲区多边形图层，然后建立该图层与目标图层的叠加，进行分析而得到所需结果。它是用来解决邻近度问题的空间分析工具之一。邻近度描述了地理空间中两个地物距离相近的程度。

基于点要素的缓冲区，是以点为圆心、以一定距离为半径的圆；基于线要素的缓冲区，是以线为中心轴线、距中心轴线一定距离的平行条带多边形；基于面要素多边形边界的缓冲区，根据多边形(面)边界，向外或向内扩展一定距离以生成新的多边形，如图 3.16 所示。

图 3.16 缓冲区分析

(3)通视分析。通视分析是三维空间分析的重要功能，指以某一点为观察点，研究某一区域通视情况的地形分析。通视分析可分为视线通视分析和视域通视分析，可广泛应用于设置雷达站和电视台的发射站、道路选择、航海导航等，还可在军事上应用于布设阵地(炮兵阵地、电子对抗阵地)、设置观察所、铺架通信线路等领域。如图 3.17 所示。

(4)路径分析。针对路网图层进行的空间分析应用，自动计算最优路径，如图 3.18 所示。

图 3.17　通视分析

图 3.18　路径分析

(5)剖面分析。根据指定的剖面线,输出剖面线与地形数据的表面高程沿某条线(截面)的变化,或剖面线所截的模型建筑物、地下管线等的截面轮廓线。该功能适用于地形、模型和倾斜摄影等类型的数据,如图 3.19 所示。

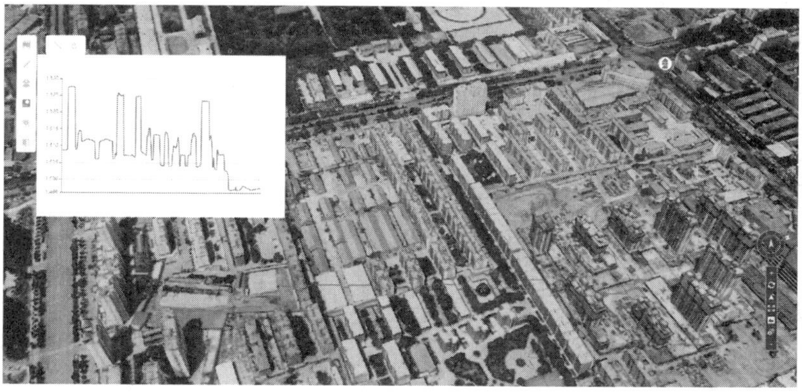

图 3.19　剖面分析

(6)水淹分析。水淹分析是地形分析的拓展,根据地形的高度,分析水平面上升后覆盖的空间范围,从而达到辅助决策、辅助救援等目的。水淹分析主要分为三步:确定水源点,构建水淹半径,进行水淹分析。如图 3.20 所示。

图 3.20 水淹分析

3.3 三维空间数据模型与结构

数据是系统的血液。近年来,随着三维地理信息系统得到广泛应用、三维地理空间数据量不断加大,如何建立一个有效的、易于存储与管理的、易于编程实现的三维空间数据模型和结构,成为三维空间信息领域的重要研究课题。

过去十来年中,研究提出了 20 余种三维空间数据模型的构建方法。根据模型的构建方式,可以将现有空间数据模型归纳为面模型(facial model)、体模型(volumetric model)和混合模型(mixed model)3 大类数据模型。

3.3.1 面模型

基于面表示的数据模型侧重于三维空间的表面形态表示,如地形表面、地质表面等,它通过表面形态表示形成三维空间的目标表示,其优点是便于显示和数据更新,不足之处是空间分析难以进行。以下介绍面模型中最常用的两种模型。

1)不规则三角网(triangulated irregular network,TIN)

不规则三角网模型是最为常用的面模型构建方法。它将一系列空间不重复的离散点按照一定规则用一系列互不交叉、互不重叠的三角形进行连接,来表示三维表面。TIN 既是矢量结构,又有栅格的空间覆盖特征,能够很好地描述和维护空间关系,在实际应用中,常用于三维数字地形模型的构建。TIN 模型构建如图 3.21 所示。

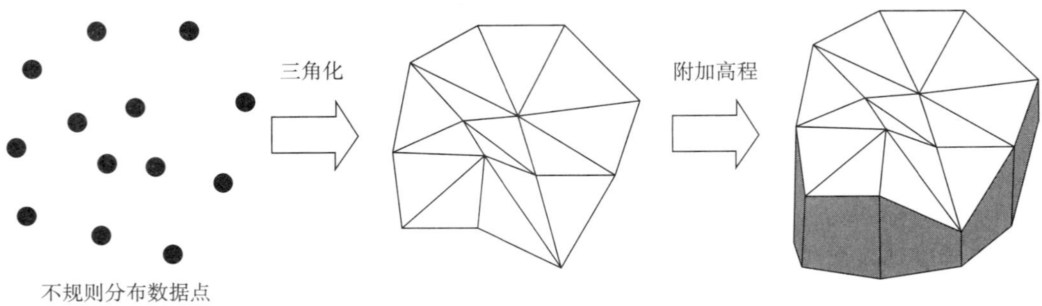

图 3.21 TIN 模型构建

2)格网(grid)

格网模型考虑采样密度和分布的非均匀性,通过内插处理后,形成规则的网格。它是典型的栅格结构,每一栅格单元由其地理坐标来表示,如一平方米或一平方厘米,每一栅格单元用一个值或某一实体特征来表达,如高程、颜色等,格网模型如图3.22所示。采用格网模型进行三维数据的表达,其结构简单、操作方便,并且数据量较小,基础测绘4D产品中的数字高程模型就是典型的格网模型。

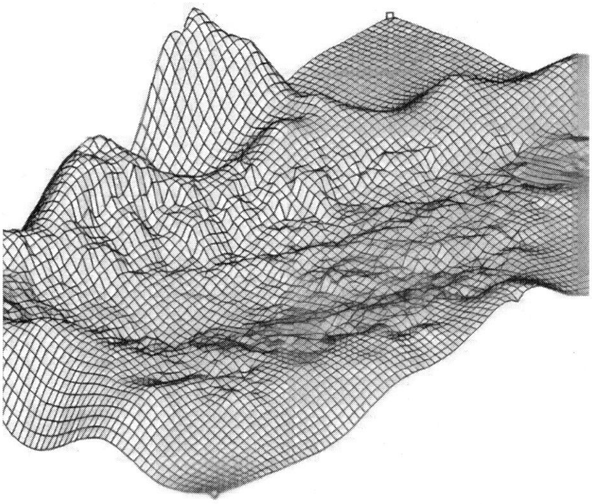

图3.22　格网模型

3.3.2　体模型

体模型侧重于三维空间体的表示,如水体、建筑物等,通过对体的描述实现三维空间目标的表示。体模型的优点是适于空间操作和分析,但存储空间占用较大,计算速度也较慢。以下介绍常见的体模型。

1)结构实体几何(constructive solid geometry,CSG)

结构实体几何通过一系列的几何操作(布尔运算、几何变换等)将简单的基本体素(立方体、球等)组合,得到一个空间对象。通常CSG模型被表示成布尔树,基本的体素和参数作为树的叶节点,正则布尔运算符则作为树的根节点和中间节点。

CSG模型多用于描述具有规则结构的三维空间对象,但对于不规则的三维空间对象构建效率较低,并且对对象之间拓扑关系的描述能力较差,如图3.23所示。

2)四面体格网(tetrahedral network,TEN)

四面体格网是一种特殊形式的栅格模型,将目标空间用紧密排列但不重叠的不规则四面体形成的格网来表示,其实质是二维TIN结构在三维空间上的扩展,如图3.24所示。该模型以四面体作为描述空间实体的基本几何元素,将任意一个三维空间实体划分为一系列邻接但不重叠的不规则四面体。四面体格网由点、线、面和体四类基本元素组合而成。每个四面体包含4个三角形,每个三角形包括3条边,每条边与两个点相关联。

TEN可以描述具有复杂边界的空间实体,如地质构造、污染云层等。它的优点在于可以很好地刻画不规则实体,模型精度高,并且能够适用于快速显示。其缺点在于算法技术含量高,生成效率较低。

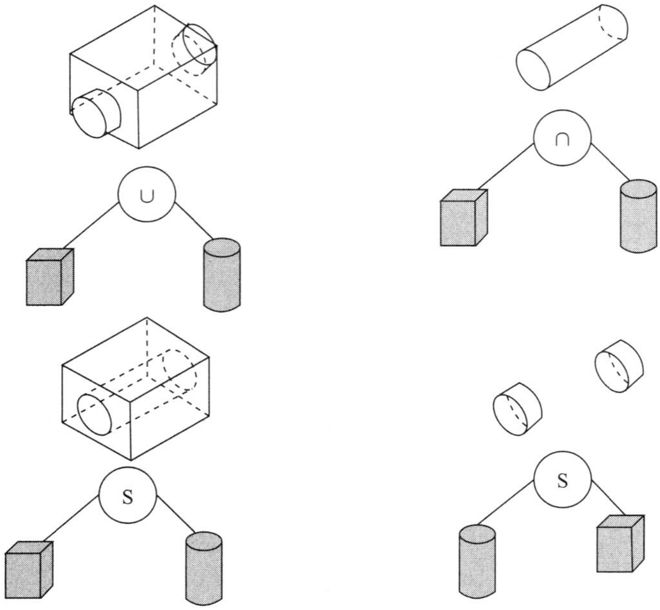

图 3.23 结构实体几何模型

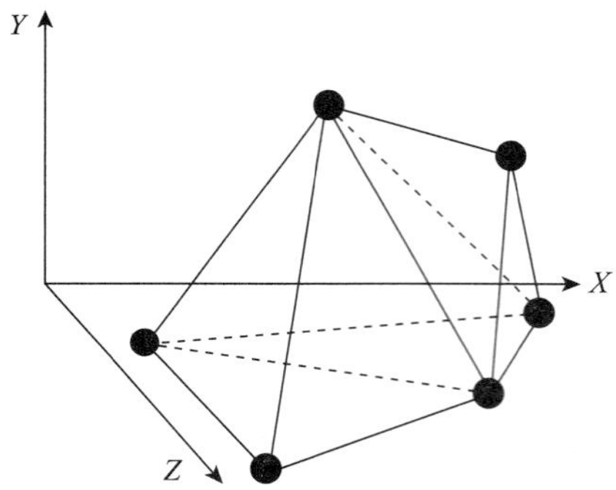

图 3.24 四面体格网模型

3)八叉树(octree)

八叉树模型是三维栅格数据的压缩形式,是二维栅格数据中的四叉树在三维空间的推广。该数据结构将所要表示的三维空间 V 按 X、Y、Z 三个方向从中间进行分割,把 V 分割成八个立方体,然后根据每个立方体中所含的目标来决定是否对各立方体继续进行八等分的划分,一直划分到每个立方体被一个目标所充满,或没有目标,或其大小已成为预先定义的不可再分的体素为止,如图 3.25 所示。八叉树可分为常规八叉树、线性八叉树和三维行程编码八叉树。八叉树充分利用了形体在空间上的相关性,不仅相对来说占用的存储空间较小,而且可以非常方便地实现多样的集合运算,节省计算资源,如求两个物体的并、交、差等运算。不仅如此,由于这种方法的有序性及分层性,因而对显示精度和速度的平衡、隐线和隐面的消除等,带来了很大的方便。这种建模方式特别适合大规模广阔室外场景的建模和管理。

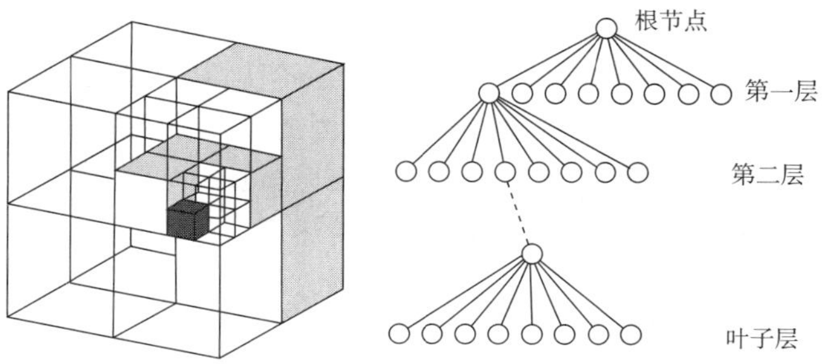

图 3.25　八叉树模型

3.3.3　混合模型

基于混合结构的数据模型是将两种或两种以上的数据模型加以综合，形成一种具有一体化结构的数据模型。它可以综合面模型和体模型的优点，取长补短，以适应不同分辨率、不同背景条件、不同应用的要求。但这种方式也存在数据量大、需要在不同模型之间转换和保持一致性的问题。

由于三维几何和三维拓扑的复杂性，目前难以有一个完善的三维数据模型来描述所有的三维空间目标，因此，采用混合结构的数据模型是现阶段三维地理信息系统理论和应用发展的重要方向。

1）TIN-CSG 混合模型

TIN-CSG 混合模型是当前三维城市建模的主要方式，它以 TIN 模型表示地形表面，以 CSG 模型表示建筑物，在 TIN 形成过程中将建筑物的地面轮廓多边形作为内部约束，通过公共边界进行连接，其操作和显示都是分别进行的。

2）TIN-octree 混合模型（Hybrid 模型）

这种建模方式以不规则三角网（TIN）表达三维空间物体的表面，以八叉树（octree）表达内部结构。用指针建立不规则三角网和八叉树之间的联系，其中不规则三角网主要用于可视化与拓扑关系表达。这种模型集中了不规则三角网和八叉树的优点，使拓扑关系搜索很有效，而且可以充分利用映射和光线跟踪等可视化技术。其缺点是八叉树模型数据必须随不规则三角网数据的变化而改变，否则会引起指针混乱，导致数据维护困难。

3）octree-TEN 混合模型

这种混合模型方式的推出是由于随着空间分辨率的提高，八叉树模型的数据量将呈几何级数增加，且八叉树模型始终只是一个近似表示，原始采样数据一般也不保留，而四面体格网（TEN）模型则可以保存原始观测数据，具有精确表示目标和表示较为复杂的空间拓扑关系的能力，因此将两者优点结合起来从而建立八叉树和四面体格网混合模型。这种模型中，八叉树主要用于全局描述，在八叉树的部分栅格内嵌入不规则四面体进行局部描述。这种混合模型适用于表达内部破碎、表面规整的对象。

3.4　三维空间数据建模

2019 年 2 月，在自然资源部全国国土测绘工作座谈会上提出，自然资源部启动“十四五”基础测绘规划编制工作，推动实景三维中国建设。2021 年 8 月 16 日，自然资源部办公厅正式发布了《实景三维中国建设技术大纲(2021 版)》,其中明确指出:实景三维中国建设是贯彻落实数字中国、平安中国、数字经济战略的重要举措,是落实国家新型基础设施建设的具体部署,是服务生态文明建设和经济社会发展的基础支撑。因此,三维数据采集、处理、应用等方面将会释放大量机会,地理信息产业有望迎来新一轮的快速增长。而这类业务中,三维数据生产占据了比较大的比例,三维数据建模技术成为新的技术热点。

3.4.1 常见的三维数据文件格式

目前,三维数据生产方式多种多样,三维数据类型也很多。下面是一些常用且可用于存储和交换的三维数据文件格式。

1. OSGB

目前市面上生产的倾斜三维模型数据的组织方式一般采用二进制存贮的、带有嵌入式链接纹理数据(jpg)的 OSGB 格式。Open Scene Gragh Binary 是 OSGB 的全称,这里的 Binary 是二进制的意思。此类数据具有文件碎、数量多、高级别金字塔文件大等特点,难以形成高效、标准的网络发布方案,从而无法实现不同地域、不同部门之间的数据共享。OSGB 文件组织示例如图 3.26 所示。

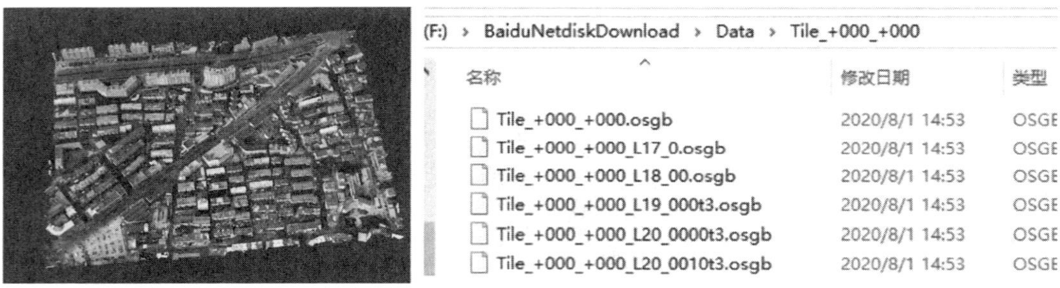

图 3.26 OSGB 文件组织示例

2. OBJ

OBJ 文件是 Aliasl Wavefront 公司为其基于工作站的三维建模和动画软件 Advanced Visualizer 开发的一种标准三维模型文件格式。OBJ 可以是传统模型,也可以是倾斜模型,它很适合用于三维软件模型之间的互导。

目前几乎所有知名的三维软件都支持 OBJ 文件的读写,不过其中很多需要通过插件才能实现。另外 OBJ 文件还是一种文本文件,可以直接用"写字板"软件打开进行查看和编辑修改。OBJ 文件一般包括三个子文件,分别是 .obj、.mtl、.jpg,除了模型文件,还需要 .jpg 纹理文件。

3. LAS/LAZ

LAS/LAZ 文件是遥感行业使用最广泛的点云数据文件格式。它由美国摄影测量与遥感学会(ASPRS)维护。LAZ 文件格式是 LAS 文件的无损压缩版本。LAS 文件格式是二进制的文件格式,如图 3.27 所示。

4. FBX

FBX 文件是 FilmBox 软件所使用的文件格式,后改称 MotionBuilder。因为 MotionBuilder 是动画制作的平台,FBX 文件最大的用途是在 3ds Max、Maya、SOFTIMAGE

图 3.27　LAS 文件格式存储的点云效果展示

等软件之间进行模型、材质、动作和摄影机信息的互导，这样就可以发挥 3ds Max 和 Maya 等软件的优势。可以说，FBX 文件格式是最好的互导文件格式。

5. 3DS

3DS 文件是 3ds Max 建模软件的衍生文件格式，做完 3ds Max 的场景文件后可导出 3DS 文件格式，可与其他建模软件兼容，也可用于渲染。

6. STL

STL 文件(stereolithography，光固化立体造型术的缩写)是由 3D SYSTEMS 公司于 1988 年制定的一个接口协议，是一种为快速原型制造技术服务的三维图形文件格式。STL 文件由多个三角形面片的单元组成，每个三角形面片单元包括三角形各个顶点的三维坐标及三角形面片的法向量。

7. IFC

IFC 文件是建筑工程领域最常使用的数据交换格式，被广泛用于建筑信息模型(BIM)的存储。目前市面上常见的 BIM 建模软件，如 Autodesk Revit、Bentley AECOsim、Tekla 都已支持 IFC 文件格式的导入及导出，Graphisoft ArchiCAD 甚至直接以 IFC 文件格式作为数据单元格式，所有档案都以 IFC 文件格式进行储存，如图 3.28 所示。

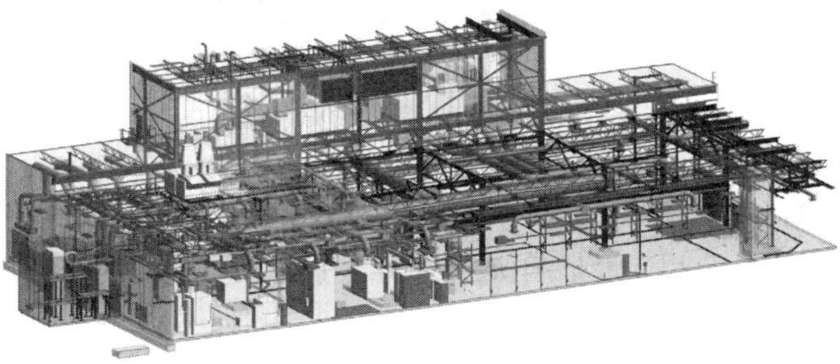

图 3.28　IFC 文件格式存储的模型数据展示

3.4.2 三维模型分类

按照地物类型，三维模型可分为地形模型、建筑模型、交通设施模型、管线模型、植被模型及其他模型等。依据《城市三维建模技术规范》(CJJ/T 157—2010)，按照表示细节，各类模型可分为 LOD1(level of details)、LOD2、LOD3、LOD4 四个细节层次，三维模型分类如表 3.1 所示。在同一地区可建立不同细节层次的模型。

表 3.1 三维模型分类

模型类型	LOD1	LOD2	LOD3	LOD4
地形模型	DEM	DEM+DSM	高精度 DEM+高精度 DSM	精细模型
建筑模型	体块模型	基础模型	标准模型	精细模型
交通设施模型	道路中心线模型	道路面模型	道路面模型+附属设施模型	精细模型
管线模型	管线中心线模型	管线体模型	管线体模型+附属设施模型	精细模型
植被模型	通用符号模型	基础模型	标准模型	精细模型
其他模型	通用符号模型	基础模型	标准模型	精细模型

1. 地形模型

地形模型是用于表示地面起伏的三维模型，可分为 LOD1、LOD2、LOD3、LOD4 四个细节层次：

(1)地形模型 LOD1 应为反映地形起伏特征的模型。DEM 格网单元尺寸不宜大于 10 m×10 m；平坦地区的高程精度不宜低于 2 m，丘陵地区不宜低于 5 m，山地不宜低于 10 m，高山地不宜低于 20 m。DEM 效果如图 3.29 所示。

图 3.29 DEM 效果

(2)地形模型 LOD2 应为反映地形起伏特征和地表影像的模型。DEM 格网单元尺寸不宜大于 5 m×5 m；平坦地区的高程精度不宜低于 1.4 m，丘陵地区的不宜低于 2 m，山地的不宜低于 5 m，高山地的不宜低于 10 m；数字正射影像(DOM)分辨率不宜低于 1 m。

(3)地形模型 LOD3 应为反映地形起伏特征、地表形态及其影像的模型；DEM 格网单元尺寸不大于 2.5 m×2.5 m；平坦地区的高程精度不宜低于 0.7 m，丘陵地区的不宜低于 1 m，山地的不宜低于 2.4 m，高山地的不宜低于 5 m；数字正射影像(DOM)分辨率不宜低于 0.2 m。

(4)地形模型 LOD4 应为逼真反映地形起伏特征和地表形态的模型，一般宜以 1∶500、1∶1 000、1∶2 000 等比例尺的地形图、航空影像及实地采集数据为基础，采用真实的地表铺地纹理反映地表的质地、色彩和纹理等特征。

2. 建筑模型

建筑模型应根据建筑基底和建筑高度生成平顶柱状模型；建筑基底一般以 1∶500、1∶1 000、1∶2 000 等比例尺的地形图建筑轮廓线为依据；建筑高度可根据建筑性质采用对应的平均层高间接获得，也可通过航空或近景摄影测量、车载激光扫描、机载激光扫描或野外实地测量等方式直接获得；平面尺寸精度不宜低于 2 m，高度精度不宜低于 3 m，对于高层建筑的高度精度可放宽至 5 m。建筑模型分级示例如图 3.30 所示。

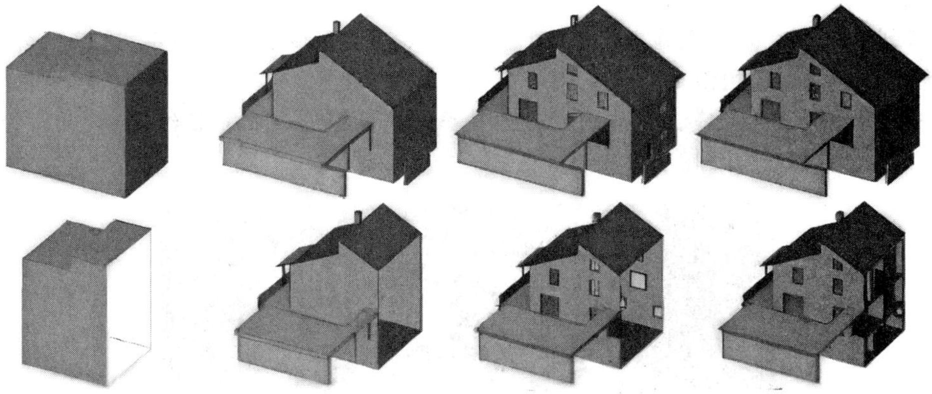

(a) LOD1　(b) LOD2　(c) LOD3　(d) LOD4

图 3.30　建筑模型分级示例

3. 交通设施模型

交通设施模型是依据测量数据或者设计资料制作的三维模型，注意表达道路、桥梁、轨道交通及道路附属设施的空间位置、几何形态及外观效果等，具有以下 4 个细节层次：

(1)道路中心线模型(LOD1)应反映道路走向，宜利用城市道路中心线及其高程数据生成三维道路中心线。

(2)道路面模型(LOD2)应真实表现道路走向、路面起伏等情况，宜以 1∶500、1∶1 000、1∶2 000 等比例尺的地形图或数字正射影像图为基准，构建道路面的三维几何面。

(3)道路面模型及附属设施模型(LOD3)应基本反映道路的起伏、车道、隔离带、照明、交通站点等，路面纹理和道路附属设施可采用通用纹理和通用模型来建立和表现。

(4)精细模型(LOD4)应包含道路模型及交通附属设施模型，应真实准确反映道路及交通附属设施的结构、尺寸、质地、色彩等特征，如图 3.31 所示。

图 3.31　交通设施模型

4. 管线模型

管线模型是依据管线测量数据或者设计资料制作的三维模型,如图 3.32 所示,主要表达管线的空间位置、走向、管线类型及附属设施等,具有以下 4 个细节层次:

(1)管线中心线模型(LOD1)应表现各类管线的走向及空间拓扑关系,应以管线普查和管线竣工测量数据为基础建立。

(2)管线体模型(LOD2)应表现各类管线走向、空间拓扑关系、管线口径及埋深等,应根据管线类型、管线断面尺寸等信息建立管线体模型。

(3)管线体模型及附属设施模型(LOD3)应表现各类管线的主从关系、连接及分流情况,附属设施模型可采用通用模型。

(4)精细模型(LOD4)应真实准确地反映各类管线的形态、结构、管线点、管网布设及附属设施等,并宜增加模型的细腻度和质感。

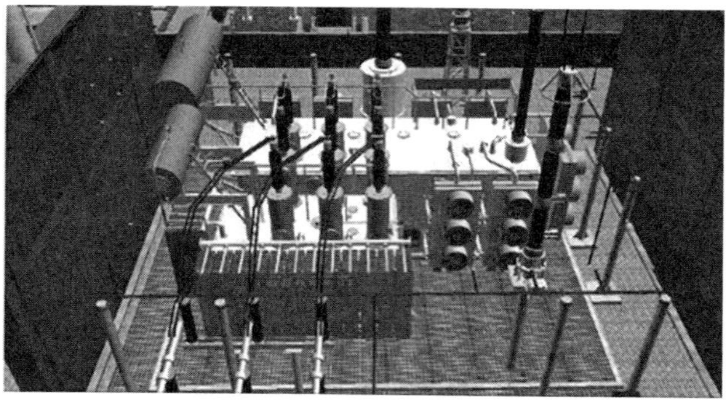

图 3.32 管线模型

5. 植被模型

植被模型是依据植被的测量数据或模型演化数据制作的三维模型,主要表达植被的空间位置、分布、形态及种类等,具有以下 4 个细节层次:

(1)通用符号模型(LOD1)宜以 1∶500、1∶1 000、1∶2 000 等比例尺的地形图或数字正射影像图为基础,宜反映植被的分布,可基于通用纹理库实现。

(2)基础模型(LOD2)宜采用单面片、十字面片或多片面的形式表现,宜采用通用纹理,基本反映树木的形态、高度、分布等主要特征,树木高度与实际误差宜在 3 m 以内。

(3)标准模型(LOD3)宜采用简单几何树干模型和多面片树冠模型,真实准确地反映树木的形态、高度、分布、位置、种类及色彩等特征,树木高度与实际物体误差宜在 2 m 以内。

(4)精细模型(LOD4)宜采用逼真的几何模型与纹理相结合的方式对树木整体进行建模,真实准确地反映实际场景,如图 3.33 所示。

6. 其他模型

其他模型主要反映其他模型物体的分布及主要特征等,具有以下 4 个细节层次:

(1)通用符号模型(LOD1)可使用通用模型表达模型的分布和特征,宜以 1∶500、1∶1 000、1∶2 000 等比例尺的地形图为基础,反映其他模型物体的分布及主要特征,可采用通用模型或通用纹理来表现。

(2)基础模型(LOD2)应以实际测量数据为依据,结合真实的纹理图片,宜采用单面片、十字交叉面片、多面片等方式表现建模物体的基本形态、样式、高度、分布、位置及纹理特征,纹理

图 3.33　植被模型

宜采用简单贴图，高度精度不宜低于模型自身高度的 20%。

(3) 标准模型(LOD3)应根据实际测量的物体尺寸和外业采集的纹理信息精细建模，应真实、准确地反映物体的各部位几何特征、样式、高度、分布、位置、质地、色彩及纹理等，模型细部可根据实际情况进行取舍，取舍掉的细部结构可采用纹理进行辅助表现，纹理贴图要求细节清晰，高度精度不宜低于模型自身高度的 10%。

(4) 精细模型(LOD4)应根据实际测量的物体尺寸和外业采集的纹理信息精细建模，应真实、准确地反映物体的各部位几何特征、样式、高度、分布、位置、质地、色彩及纹理等，模型细部可根据实际情况进行取舍，取舍掉的细部结构可采用纹理进行辅助表现，纹理贴图要求细节清晰，高度精度不宜低于模型自身高度的 5%。

3.4.3　三维建模方法

目前物体的建模方法，大体上有四种：第一种方式为利用三维软件建模；第二种方式为利用仪器设备建模；第三种方式为利用图像建模；第四种方式为利用图纸快速建模。

1. 利用三维软件建模

目前，在市面上可以看到许多优秀的建模软件，如 3ds Max、SOFTIMAGE、Maya、UG、AutoCAD 等。它们的共同特点是利用一些基本的几何元素，如立方体、球体等，通过一系列几何操作，如平移、旋转、拉伸及布尔运算等来构建复杂的几何场景。利用三维软件构建三维模型主要包括几何建模(geometric modeling)、行为建模(kinematic modeling)、物理建模(physical modeling)、对象特性建模(object behavior modeling)及模型切分(model segmentation)等。其中，几何建模的创建与描述，是虚拟场景造型的重点。

目前，使用三维软件进行人工建模仍然被广泛运用在各个领域，其灵活性强、建模效果有保障，适用于各种类型物体的建模，但其成本较高、工期较长，并且对于建模人员能力素质的要求较高。

2. 利用仪器设备建模

三维扫描仪又称三维数字化仪，它是当前使用的对实际物体三维建模的重要工具之一。它能快速方便地将真实世界的立体彩色信息转换为计算机能直接处理的数字信号，为实物数字化提供了有效的手段。目前常见于测绘领域的激光扫描仪就属于三维扫描仪的一种，也是目前非常流行的高精度实景模型建模工具。三维激光建模效果如图 3.34 所示。

图 3.34 三维激光建模效果

三维扫描仪与传统的平面扫描仪、摄像机、图形采集卡相比有很大的不同。首先,其扫描对象不是平面图案,而是立体的实物;其次,通过扫描,可以获得物体表面每个采样点的三维空间坐标,彩色扫描还可以获得每个采样点的色彩,某些扫描设备甚至可以获得物体内部的结构数据,而摄像机只能拍摄物体的某一个侧面,并且会丢失大量的深度信息;最后,它输出的不是二维图像,而是包含物体表面每个采样点的三维空间坐标和色彩的数字模型文件,可以直接用于计算机辅助设计(CAD)或三维动画,彩色扫描仪还可以输出物体表面色彩纹理贴图。

3. 利用图像建模

基于图像的建模和渲染(image-based modeling and rendering,IBMR)是当前计算机图形学中极其活跃的研究领域。基于倾斜摄影测量的三维建模方法就是比较典型的 IBMR 方法,如图 3.35 所示。目前市面上有多款成熟的倾斜摄影测量三维建模软件(ContextCapture、Photoscan、Pix4D、南方天云等)辅助进行自动化的三维建模,成本也逐步降低。

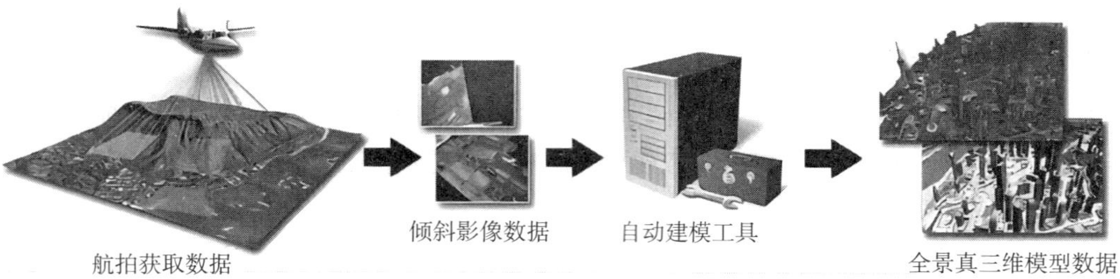

图 3.35 倾斜摄影测量三维建模

与传统的利用三维软件建模或者三维扫描仪得到立体模型的方法相比,利用图像建模的优点是成本低廉、真实感强、自动化程度高,因而具有广泛的应用前景。

4. 利用图纸快速建模

基于 AutoCAD 平台技术开发的 SmartGIS BModeler 智能建模软件,能够对存量丰富的建筑施工、竣工图纸进行标准化处理。近年来,随着三维建模项目在数字孪生、三维实景中国、智慧城市等领域的大规模增长,人们也在探索效率更高、成本更低、外业工作量更小的建模方式,基于施工、竣工设计图纸的半自动建模方式开始出现,并率先在住建领域的三维不动产管理、城市信息模型平台建设等项目中使用和实践。

建筑施工、竣工图纸是建筑从开始规划设计到实施竣工过程中重要的媒介,详细地记录了墙、柱、门、窗等建筑构件的几何、位置、语义、属性、关系等信息,如图 3.36 所示。施工人员通过目视判读的方式发掘图纸中的信息,还原其中的每一个建筑部件,从而筑造出建筑整体,因此建筑施工、竣工图纸是建筑物高保真三维建模最理想也是最准确的数据源。

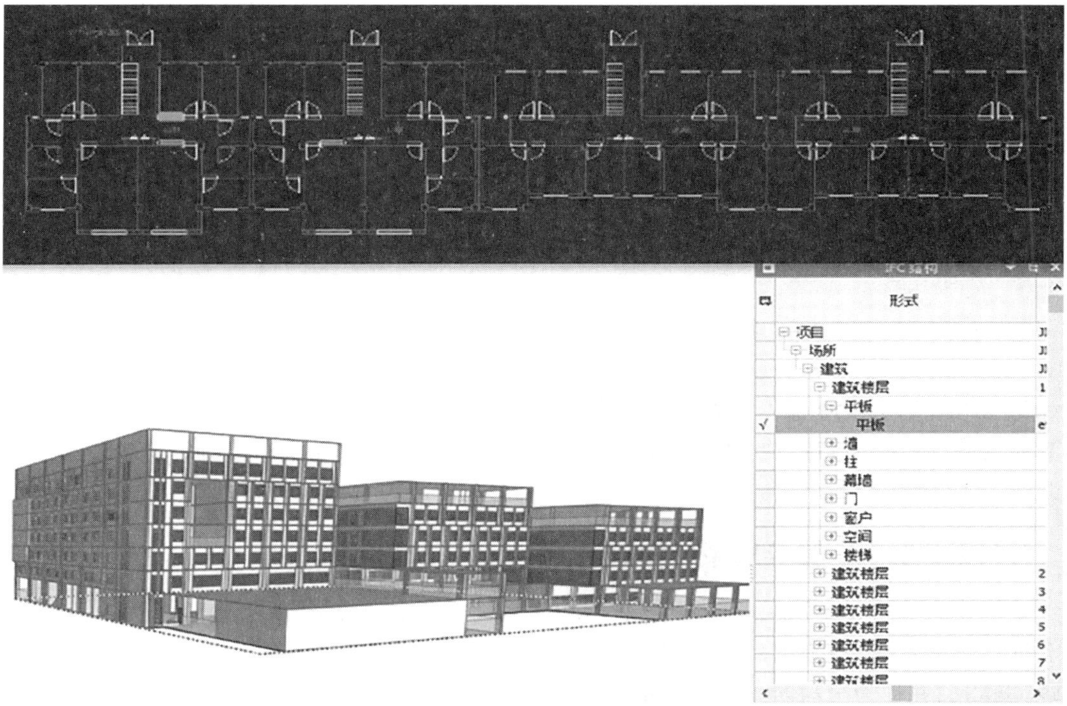

图 3.36　图纸快速建模效果

思考题

一、选择题(单选)

1. 以下哪一项不是网络地理信息系统的优势？(　　)

   A. 操作便捷　　B. 建设和维护的成本相对较低

   C. 访问便捷　　D. 便于处理数据

2. 以下哪一项属于不常见的三维数据格式？(　　)

   A. OBJ　　B. DWG　　C. LAZ　　D. IFC

3. 以下哪一项描述是正确的？(　　)

   A. 基于图像的建模方式成本较高　　B. 基于软件的手工建模方式适用性广

   C. 基于图纸的建模方式精度较低　　D. 基于三维扫描仪的建模方式成本较低

二、简答题

1. 请简述三维地理信息系统与传统二维地理信息系统相比的主要优势和特点。
2. 利用图纸进行三维建模的方法有哪些优势？
3. 请选择一个业务方向，简述三维地理信息系统在这个方向的应用。

第 4 章　测绘地理信息新技术

本章主要从原理、应用等角度，介绍测绘地理信息行业获取数据的几种新技术手段，包括北斗导航卫星定位技术、卫星遥感技术、激光雷达扫描技术和无人机摄影测量技术。

4.1　北斗导航卫星定位技术

北斗导航卫星系统是中国着眼于国家安全和经济社会发展需要，自主建设运行的全球导航卫星系统，是为全球用户提供全天候、全天时、高精度的定位、导航和授时服务的重要时空基础设施。

4.1.1　北斗导航卫星系统概述

北斗导航卫星系统（BeiDou navigation satellite system，BDS）是中国自主研制的全球卫星定位与通信系统，与美国的全球定位系统（GPS）、俄罗斯的格洛纳斯（GLONASS）和欧盟的伽利略（Galileo）并称为全球四大导航卫星系统。北斗导航卫星系统可在全球范围内全天候、全天时为各类用户提供高精度、高可靠的定位、导航和授时服务，并兼具短报文通信能力。具备全球导航、定位和授时能力，全球范围水平定位精度优于 9 m，垂直定位精度优于 10 m，测速精度优于 0.2 m/s，授时精度优于 20 ns。

1. 北斗导航卫星系统的组成

北斗导航卫星系统由空间段、地面段和用户段三部分组成。

（1）空间段由若干地球静止轨道卫星、倾斜地球同步轨道卫星和中圆地球轨道卫星组成，如图 4.1 所示。

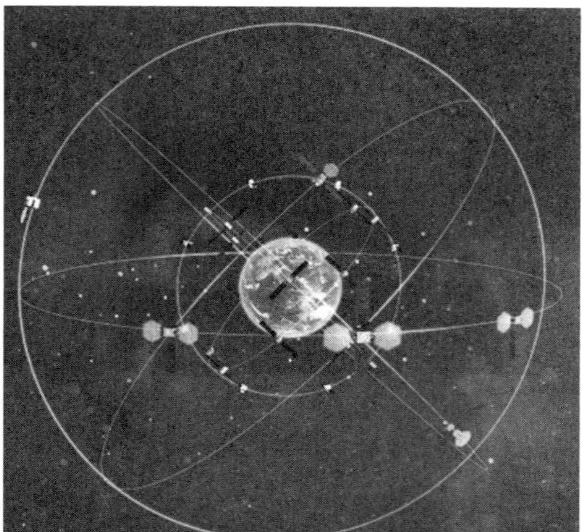

图 4.1　北斗导航卫星系统示意

（2）地面段包括主控站、注入站和监测站等若干地面站，以及星间链路运行管理设施。主控站用于系统运行管理与控制等。主控站从监测站接收数据并进行处理，生成导航卫星电文和差分完好性信息，而后交由注入站执行信息的发送。同时，主控站还负责管理、协调整个地面控制系统的工作。注入站用于向卫星发送信号，对卫星进行控制管理，在接受主控站的调度后，将导航卫星电文和差分完好性信息向卫星发送。监测站用于接收卫星的信号，并发送给主控站，实现对卫星的跟踪、监测，为卫星轨道确定和时间同步提供观测资料。

（3）用户段包括北斗及兼容其他导航卫星系统的芯片、模块、天线等基础产品，以及终端设备、应用系统与应用服务等。用户段即用户的终端，既可以使用专用于北斗导航卫星系统的信号接收机，也可以使用同时兼容其他导航卫星系统的接收机。卫星信号接收机有各种类型，既有用于航天、航空、航海的导航型接收机，也有用于地面专业测量定位的测量型接收机，还有普通大众使用的车载、手持型接收机。接收设备也可嵌入其他设备中构成组合型导航定位设备，如导航手机、导航相机等。

2. 北斗导航卫星系统的发展历程

我国高度重视北斗导航卫星系统的建设发展，自 20 世纪 80 年代开始探索适合我国国情的导航卫星系统发展道路，形成了“三步走”发展战略：2000 年，建成北斗一号系统，向中国提供服务；2012 年，建成北斗二号系统，向亚太地区提供服务；2020 年，建成北斗三号系统，向全球提供服务。

2020 年 6 月 23 日，我国在西昌卫星发射中心用长征三号乙运载火箭，成功发射北斗导航卫星系统第五十五颗导航卫星，暨北斗三号最后一颗全球组网卫星。至此北斗三号全球导航卫星系统星座部署比原计划提前半年全面完成。

3. 北斗导航卫星系统的特点

在我国长期航天技术积累和导航卫星系统技术发展的后发优势下，我国采取了一套与其他导航卫星系统截然不同的思路。我国自主研制的北斗导航卫星系统具有以下特点：

1）三种轨道

目前另外三个全球导航卫星系统都采用距离地面约 20 000 km 的中圆地球轨道，而北斗是唯一采用三种轨道搭配的星座：中圆地球轨道（MEO）卫星处在距离地面约 21 500 km 的中圆地球轨道，分布在三个轨道面上，保持 55°倾角；地球静止轨道（GEO）卫星采取赤道上空约 35 800 km 高的地球静止轨道；倾斜地球同步轨道（IGSO）卫星处在地球同步轨道（约 35 800 km 高）、保持 55°倾角。GPS 星座和北斗星座如图 4.2 所示。

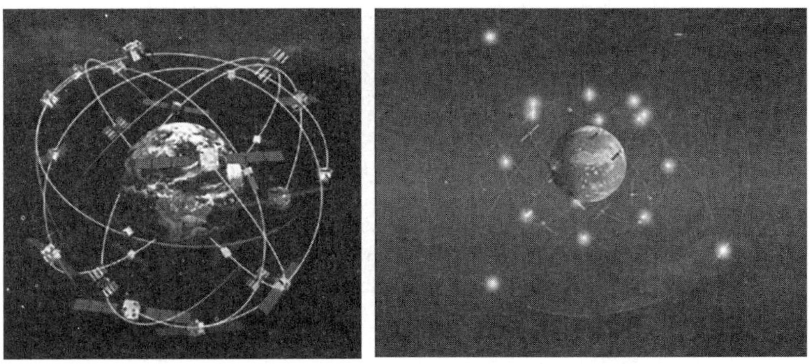

（a）美国GPS星座　（b）北斗导航卫星系统星座

图 4.2　GPS 星座和北斗星座

一般卫星定位需要接收机收到至少 4 颗卫星信号。以中圆地球轨道卫星为主力，围绕地球一圈的轨道周期约为 12 小时，可以保持对全球范围内任一点的稳定覆盖。在任意时间、任意地点观测到 6 颗以上北斗卫星，符合常规卫星定位系统的需求。55°倾角的设计，也增加了对人口稠密的地球中低纬度区域的覆盖。

北斗的地球静止轨道和倾斜同步轨道是为中国乃至亚太地区特殊定制的。日本拥有四颗倾斜同步轨道的准天顶系统，用以提高 GPS 在日本的应用精度，我国相当于在设计之初就设计了针对亚太地区的专属服务。两种高轨卫星的轨道周期与地球自转 24 小时周期完全同步，因而倾斜地球同步轨道卫星和地球静止轨道卫星的投影轨迹始终留在亚太及沿赤道对称区域，抗遮挡能力强。在亚太地区可以几乎永久保持至少12颗卫星可见，大幅提高该区域的定位精度。在地面建设有增强基站的情况下，可以实现分米乃至厘米级定位精度。

2)三种工作频率

电离层会影响电磁波传播，是导航卫星定位的最大误差源，必须消除电离层的干扰。电离层的干扰与卫星信号频率相关，因而采用至少双频信号构建电离层延迟修正模型，最大限度地去除这部分干扰因素，对定位精度的提升非常显著，三频信号则可以构建更复杂的模型消除高阶影响。此外，在三个频段上发射也增加了不同信号(军用、民用)的调制选项，抗干扰能力得到提升，也提高了定位的可靠性，对于厘米级乃至毫米级定位中最核心的载波相位模糊度解算也大有益处。正因如此，近些年来原本使用双频信号的GPS也在扩展成三频系统。可见，北斗的后发优势不言而喻。

3)短报文系统

短报文通信是北斗系统区别于美国GPS、俄罗斯GLONASS、欧盟Galileo等卫星导航系统的独有的特色服务之一，即支持带有特定功能芯片的终端通过北斗卫星转发文字短信，同时既能够定位，又能显示发布者的位置。这项技术具备低成本、广覆盖、高可靠和随机接入等特点，在无地面网络覆盖的地区依旧能与外界取得联系。北斗短报文通信适用于应急救灾、科考、远洋船只、登山探险等4G和5G通信网络无法覆盖的场景，在国防、民生和应急救援领域有很大的应用价值。

4)星间链路通信

导航卫星系统需要长期维持，这意味着需要地面主控站、注入站、监测站等系列部分。对于全球性导航定位系统而言，这些站点的位置分布也有要求，但这会进一步增加系统运营成本。对于北斗而言，不仅有全球建站安全性的问题，还有运营成本的问题，有必要最大限度地开发自身优势——高中轨道搭配的卫星星座，使它们之间可以互相联络，彼此不再孤立。这意味着北斗只需实现中国境内主控、注入和监测，而高轨卫星“登高望远”可以与系统内其他卫星进行星间链路链接。此外，星间链路本身也可以用来测距，对于提高星座轨道精度大有裨益。系统内部的自我通信也可以使得整体抗干扰能力大大增强。

4. 北斗导航卫星系统行业应用

北斗导航卫星系统自提供服务以来，已在交通运输、农林渔业、水文监测、气象测报、通信系统、电力调度、救灾减灾、公共安全等领域得到广泛应用，融入国家核心基础设施，产生了显著的经济效益和社会效益。

(1)交通运输方面。北斗系统广泛应用于重点运输过程监控、公路基础设施安全监控、港口高精度实时定位调度监控等领域。交通运输的核心目标是实现安全、效率、效益三模块的结合，行业最大的特点是点多、线长、面广、移动性强。北斗导航系统可以提供及时、准确、可靠的实时交通信息，为交通运输提供良好的通行依据，也便于准确掌握运输车辆、人员的实时状态和分布状态。

(2)农林渔业方面。在精准农业技术飞速发展的背景下，农业机械自动化、精细化作业对于位置精度的要求不断提高，高精度定位已经成为农业机械自动化、精细化作业应用中的必要条件。北斗卫星导航系统与农业机械相结合，能够实现农业机械的无人驾驶，有效地代替人工操作，减少人力劳动强度，降低人力成本。在应用北斗卫星导航技术时，能够减少农业机械受到自然环境因素的影响，提高农业生产作业效率，并能够对农业机械进行适时调整，保证农业作业质量与作业精度。

(3)水文监测方面。北斗系统成功应用于多山地域水文测报信息的实时传输,提高灾情预报的准确性,为制订防洪抗旱调度方案提供重要支持。

(4)气象测报方面。研制一系列气象测报型北斗终端设备,形成系统应用解决方案,提高了国内高空气象探空系统的观测精度、自动化水平和应急观测能力。

(5)救灾减灾方面。基于北斗系统的导航、定位、短报文通信功能,提供实时救灾指挥调度、应急通信、灾情信息快速上报与共享等服务,显著提高了灾害应急救援的快速反应能力和决策能力。

4.1.2　北斗导航卫星的基本原理

1. 卫星定位原理

北斗导航卫星系统的多颗卫星在离地面两三万千米的高空上,以固定的周期环绕地球运行,使得在任意时刻,在地面上的任意一点都可以同时观测到 4 颗以上的卫星。

由于卫星的位置精确可知,在接收机对卫星观测中,可获得卫星到接收机的距离,利用三维坐标中的距离公式,利用 3 颗卫星,就可以组成 3 个方程式,解出观测点的位置(X,Y,Z)。三星定位原理如图 4.3 所示。

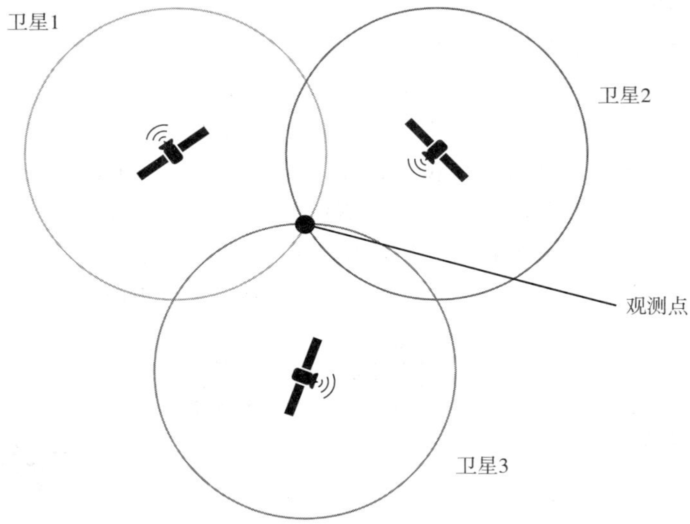

图 4.3　三星定位原理

考虑到卫星的时钟与接收机时钟之间的误差,实际上有 4 个未知数,即 X、Y、Z 和钟差,因而需要引入第 4 颗卫星,形成 4 个方程式进行求解,从而得到观测点的经纬度和高程。事实上,接收机往往可以锁住 4 颗以上的卫星,这时,接收机可按卫星的星座分布分成若干组,每组 4 颗,然后通过算法挑选出误差最小的一组用作定位,从而提高精度。四星定位原理如图 4.4 所示。

卫星定位实施的是"到达时间差"(时延)的概念:利用每一颗卫星的精确位置和连续发送的导航信息获得从卫星至接收机的到达时间差。

卫星在空中连续发送带有时间和位置信息的无线电信号,供接收机接收。由于传输的距

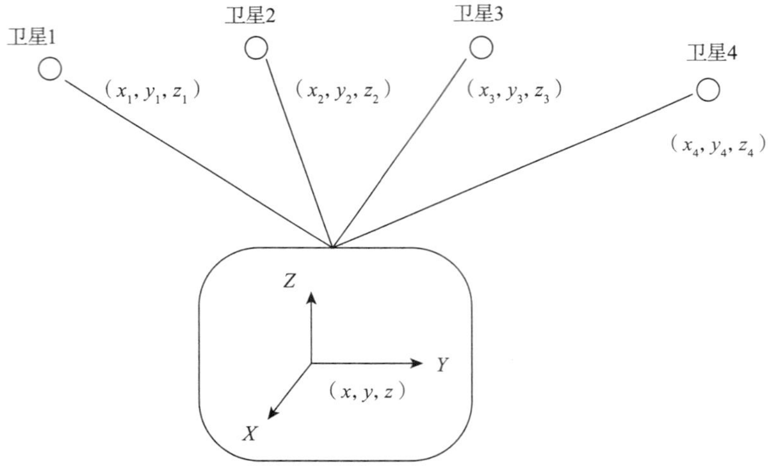

图 4.4 四星定位原理

离因素，接收机接收到信号的时刻要比卫星发送信号的时刻延迟，通常称之为时延，因此，也可以通过时延来确定距离。卫星和接收机同时产生同样的伪随机码，一旦两个码实现时间同步，接收机便能测定时延；将时延乘上光速，便能得到距离。

2．**差分定位原理**

卫星至用户间的距离测量是基于卫星信号的发射时间与到达接收机的时间之差。为了计算用户的三维位置和接收机时钟偏差，要求至少接收来自 4 颗卫星的信号。

卫星运行轨道、卫星时钟存在误差，大气对流层、电离层对信号传输时间有影响，这使得民用的定位精度只有十米量级。为提高定位精度，普遍采用差分定位技术，建立地面基准站（差分台）进行卫星观测，利用已知的基准站精确坐标，与观测值进行比较，从而得出修正数，并对外发布。接收机收到该修正数后，与自身的观测值进行比较，消去大部分误差，得到一个比较准确的位置。实验表明，利用差分定位技术（图 4.5），定位精度可提高到米级或更高精度。

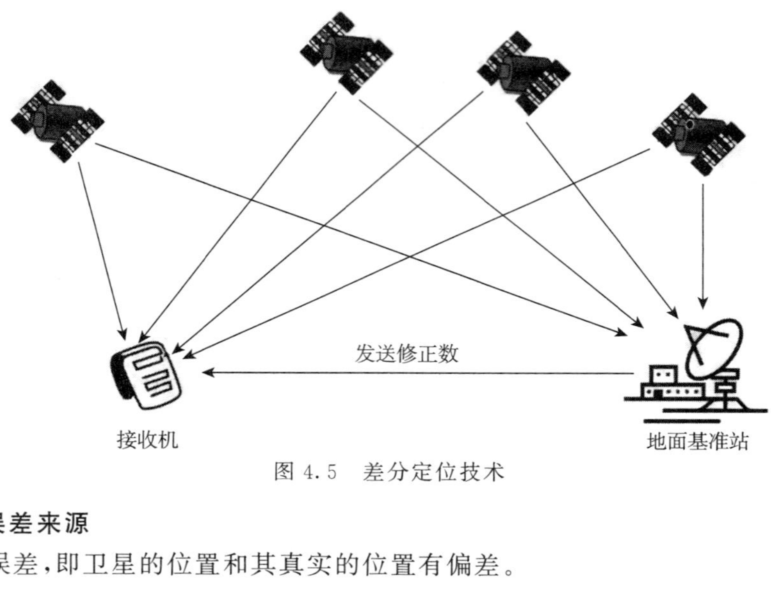

图 4.5 差分定位技术

3．**定位误差来源**

（1）轨道误差，即卫星的位置和其真实的位置有偏差。

(2)时钟误差,即卫星信号传输的时间和标准时间有偏差。

(3)伪距噪声,即导航信号本身的精度偏差因素。

(4)电离层延迟,即卫星信号在从太空穿越大气层,经过电离层时其路径发生弯曲、速度变慢引起的偏差。

(5)对流层延迟,与电离层延迟相似。

(6)多径,即卫星电磁波信号会被一些物体反射,一部分发射的信号会经过更长的路径才能到达接收机,接收机会多次接收到同一个发射的信号,定位时需要判断到底哪个才是真正想要的信号。

(7)接收机噪声,即接收机自己在测量时也会带入设备本身的信号误差。

4.1.3　北斗卫星定位系统接收机

北斗卫星定位系统接收机是导航系统的用户设备,是实现导航卫星定位的终端仪器,是一种能够接收、跟踪、变换和测量导航卫星定位信号的无线电接收设备。北斗接收机的主要功能是接收卫星发射的信号,并进行处理,获取导航电文和必要的观测量。

1. 工作原理

北斗卫星定位系统接收机可接收到准确至纳秒级的时间信息,用于预报未来几个月内卫星所处概略位置的预报星历,用于计算定位时所需卫星坐标的广播星历(精度为几米至几十米,各个卫星不同,随时变化),以及北斗卫星定位系统信息(如卫星状况等)。

北斗卫星定位系统接收机对收到的卫星信号,进行解码或采用其他技术,将调制在载波上的信息恢复。严格而言,载波相位应被称为载波拍频相位,它是收到的受多普勒频移影响的卫星信号载波相位与接收机本机振荡产生信号相位之差。一般用接收机钟确定的历元时刻量测,保持对卫星信号的跟踪,就可记录下相位的变化值,但开始观测时的接收机和卫星振荡器的相位初值是不知道的,起始历元的相位整数也是不知道的,即整周模糊度只能在数据处理中作为参数解算。相位观测值的精度高至毫米,但前提是解出整周模糊度,因此只有在相对定位,并有一段连续观测值时才能使用相位观测值,而要达到优于米级的定位精度也只能采用相位观测值。

2. 接收机的分类与应用

目前支持北斗卫星导航系统的接收机可以根据用途、工作原理、接收频率等进行不同的分类。常根据用途划分为导航型接收机、测地型接收机、授时型接收机和短报文型接收机:

(1)导航型接收机:主要用于运动载体的导航,如车辆、人员的导航。可以给出载体的位置和速度,但这类接收机单点实时定位精度较低。

(2)测地型接收机:主要用于精密大地测量和精密工程测量,定位精度高,仪器结构复杂,价格较高。

(3)授时型接收机:主要利用卫星提供的高精度时间标准进行授时,常用于天文台及无线电通信中的时间同步。

(4)短报文型接收机:具备北斗短报文通信功能和位置通报功能,终端可在应急救援、抢险救灾、森林巡检、边防巡逻等诸多行业提供北斗服务。

北斗系统服务性能优异、功能强大,可提供多种服务,满足用户多样化需求。其中,向全球用户提供定位导航授时、国际搜救、全球短报文通信等三种全球服务;向亚太地区提供区域短报文通信、星基增强、精密单点定位、地基增强四种区域服务。

随着北斗系统的逐渐完善，北斗接收机与移动通信、移动互联网、物联网、大数据等技术将加速实现融合创新。以北斗接收机提供的时空信息为核心的导航定位授时服务产品，将越来越多地应用到电子商务、移动智能终端、智能网联汽车、互联网位置服务中，大规模进入到行业应用、大众消费、共享经济和民生服务等领域。

4.1.4 其他导航卫星系统简介

目前，世界上只有少数国家能够自主研制建设导航卫星系统。当前，除中国的北斗导航卫星系统外，全球有其他三大导航卫星系统，分别是美国的全球定位系统、俄罗斯的格洛纳斯导航卫星系统和欧盟的伽利略导航卫星系统。

1. 美国全球定位系统

全球定位系统(global positioning system，GPS)是美国从20世纪70年代开始研制，于1994年由24颗卫星组网完成。当时，GPS是具有海、陆、空全方位实时三维导航与定位功能的新一代卫星导航与定位系统。这些卫星与地面支撑系统组成网络，每隔1～3 s向全球用户播报一次其位置(经纬度)、速度、高度和时间信息，能使地球上任何地方任何时候的GPS接收机同时收到至少4颗卫星的位置信息。

GPS具有如下特点：

(1)全球、全天候工作。

(2)相比历史上其他手段的定位技术，定位精度高。单机定位精度优于10 m，采用差分定位，精度可达厘米级和毫米级。

(3)使用时间久，应用广。

2. 俄罗斯格洛纳斯导航卫星系统

格洛纳斯导航卫星系统(global navigation satellite system，GLONASS)，是由俄罗斯研发的导航卫星系统，1996年实现了24颗卫星的满星座运行，并在2011年底恢复全球覆盖能力。

GLONASS具有如下特点：

(1)抗干扰能力强。

(2)采用了军民合用、不加密的开放政策。

(3)主要采用频分多址(FDMA)方式，根据载波频率来区分不同卫星[北斗、伽利略和GPS采用码分多址(CDMA)技术，根据调制码来区分卫星]。目前研制部署的新一代GLONASS卫星也开始使用码分多址技术。

3. 欧盟伽利略导航卫星系统

伽利略导航卫星系统(Galileo navigation satellite system，Galileo)是由欧盟研发和运营的全球卫星定位系统。该系统由30颗中圆轨道卫星和2个地面控制中心组成。伽利略系统的基本服务有导航、定位、授时；特殊服务有搜索与救援；扩展应用服务包括飞机导航和着陆系统中的应用、铁路安全运行调度、海上运输系统、陆地车队运输调度、精准农业等。

Galileo具有如下特点：

(1)定位精度高。

(2)可靠性和稳定性高。

(3)防干扰性强。

4.2　卫星遥感技术

作为3S(RS、GIS、GPS)技术的重要组成部分，卫星遥感技术是一门综合性极强的科学技术，它集中了空间、光学、电子、计算机通信和地学等学科的知识。经过多年的发展和探索，我国的卫星遥感应用技术已经从起步走向成熟。

4.2.1　卫星遥感概述

1. 卫星遥感定义

从字面上理解，可以简单地将遥感解释为“遥远的感知”。从广义来讲，各种非接触的、远距离的探测和信息获取技术就是遥感；从狭义来讲，遥感主要指从远距离、高空乃至外层空间的平台上，利用可见光、红外线、多光谱、微波等探测仪器，通过摄影或扫描、信息感应、传输和处理，从而识别地面物质的性质和运动状态的现代化技术系统。根据遥感传感器所在平台的不同，可以把遥感分为塔台遥感、车载遥感、航空遥感和卫星遥感等多种不同类型。

卫星遥感是以人造卫星为平台，根据作为平台的卫星与地球的相对位置关系，可将卫星分为静止卫星(如静止气象卫星、静止通信卫星)和极轨卫星。

2. 卫星遥感系统组成

根据遥感的定义，遥感系统主要由以下四大部分组成：

1)信息源

信息源是指需要对其进行探测的目标物。任何目标物都具有反射、吸收、透射及辐射电磁波的特性，当目标物与电磁波发生相互作用时会形成目标物的电磁波特性，这就为遥感探测提供了获取信息的依据。

2)信息获取

信息获取是指运用遥感技术装备接收、记录目标物电磁波特性的探测过程。信息获取所采用的遥感技术装备主要包括遥感平台和传感器。其中遥感平台是用来搭载传感器的运载和工况保障工具，卫星遥感系统采用的运载工具为人造卫星；传感器是用来探测目标物电磁波特性的仪器设备，常用的有可见光照相机、多光谱扫描仪和无线电成像雷达等。

3)信息处理

信息处理是指运用光学电子仪器和计算机设备对所获取的遥感信息进行校正、分析和解译的技术过程。信息处理的作用是通过对遥感信息的处理，掌握、清除遥感原始信息的误差，梳理、归纳出被探测目标物的影像特征，然后依据影像特征从遥感信息中识别并提取所需的有用信息。

4)信息应用

信息应用是指专业人员按不同的目的将遥感信息应用于各业务领域的使用过程。信息应用的基本方法是将遥感信息作为地理信息系统的数据源，供人们对其进行查询、统计和分析利用。遥感的应用领域十分广泛，最主要的应用有军事、地质矿产勘探、自然资源调查、地图测绘、环境监测及城市建设和管理等。

3. 遥感技术原理

任何目标都具有光谱特性，具体地说，地面上的所有地物都具有不同的吸收、反射、辐射光谱的性能。在同一光谱区不同的物体反射的情况不同,同一物体对不同光谱的反射也有明显差别。即使是同一物体,在不同的时间和地点,由于太阳光照射角度不同,它们反射和吸收的光谱也各不相同。遥感技术原理如图 4.6 所示。

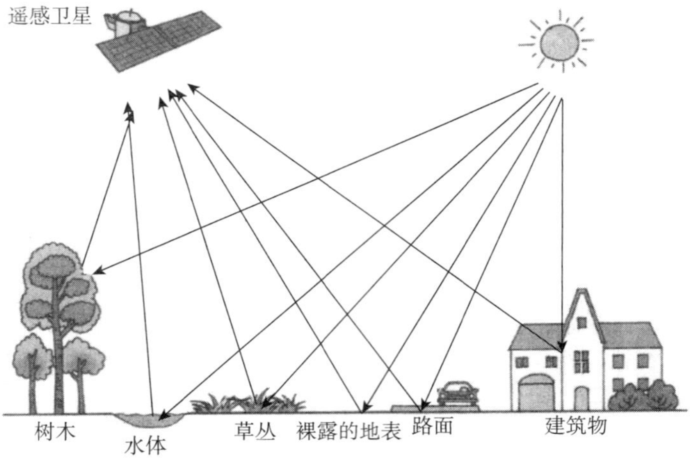

图 4.6 遥感技术原理

遥感技术就是根据反射辐射光谱原理,判断物体的类型。自然资源调查中通常使用绿光、红光和红外光三种光谱波段进行探测。绿光段一般用于探测地下水、岩石和土壤的特性;红光段探测植物生长、变化及水污染等;红外光段探测土地、矿产及其他资源。此外,还有微波段,常用来探测云层及海底鱼群。

4. 我国卫星遥感技术发展与应用现状

我国遥感卫星经历数十年的快速发展,实现了从无到有、从弱到强的跨越式发展。截至 2021 年 4 月底,我国拥有遥感卫星达到 215 颗,仅次于美国的 442 颗,位列全球第二。已初步建立起多分辨率、多谱段、稳定运行的卫星对地观测及应用体系。卫星遥感现代化发展阶段以《中华人民共和国国民经济和社会发展第十四个五年规划和 2035 年远景目标纲要》发布为标志,围绕强化数字转型、智能升级、融合创新支撑,布局建设信息基础设施、融合基础设施、创新基础设施等新型基础设施,打造全球覆盖、高效运行的通信、导航、遥感空间基础设施体系,建设商业航天发射场。

目前,我国卫星遥感技术突飞猛进,与各种新技术相互融合,进入了高质量发展的新阶段。与此同时,在国家一系列关于"鼓励民间资本研制、发射和运营商业遥感卫星"的政策推动下,我国卫星遥感产业进入到以市场化为导向的快速发展阶段。我国大力发展民用和商用遥感卫星系统,充分调动政府、工业、科研、社区和金融的资源和力量,努力加强空间遥感数据的应用和推广,大力促进产业发展。基于卫星遥感数据的商业化应用层出不穷,各种商业软件取得了巨大的市场效益。

4.2.2 常见遥感卫星的介绍

遥感卫星是外层空间遥感平台,用卫星作为平台的遥感技术称为卫星遥感。遥感卫星能在规定的时间内覆盖整个地球或指定的任何区域,当沿地球同步轨道运行时,它能连续地对地球表面某指定地域进行遥感监测。所有的遥感卫星都需要配备地面站,卫星获得的图像数据通过无线电波传输到地面站，地面站发出指令以控制卫星运行和工作。

1. Landsat 卫星

美国国家航空航天局的陆地卫星（Landsat）（1975 年前称为地球资源技术卫星——ERTS），从 1972 年 7 月 23 日至 2022 年底，已发射 9 颗（第 6 颗发射失败）。其常见的遥感扫描影像类型有 MMS 影像、TM 图像。

2. SPOT 卫星

SPOT 系列卫星是法国空间研究中心研制的地球观测卫星，至 2022 年底已发射 SPOT 卫星 1～7 号，1986 年以来，SPOT 已经接收、存档海量数据，提供了准确、丰富、可靠、动态的地理信息源，满足了制图、农业、林业、土地利用、水利、国防、环境、地质勘探等多个应用领域不断变化的需要。

SPOT 卫星采用高度为 830 km，轨道倾角为 98.7°的太阳同步准回归轨道，通过赤道时刻为地方时上午 10:30，回归天数（重复周期）为 26 天。由于采用倾斜观测，所以实际上可以对同一地区每隔 4～5 天进行一次重复观测。

3. IKONOS 卫星

IKONOS 卫星于 1999 年 9 月 24 日发射成功，是世界上第一颗提供米级高分辨率卫星影像的商业遥感卫星。IKONOS 卫星的成功发射不仅实现了提供高清晰度影像的目标，而且开拓了一个新的更快捷、更经济获得最新基础地理信息的途径，更是创立了崭新的商业化卫星影像的标准。

IKONOS 是可采集 1 m 分辨率全色和 4 m 分辨率多光谱影像的商业卫星，同时全色和多光谱影像可融合成 1 m 分辨率的彩色影像。IKONOS 影像被广泛用于国家防御、军队制图、海空运输等领域。

4. QuickBird 卫星

QuickBird 卫星于 2001 年 10 月 18 日由美国 DigitalGlobe 公司在美国范登堡空军基地发射，是最早提供亚米级分辨率的商业卫星，卫星影像的地面分辨率为 0.61 m。QuickBird 卫星具有引领行业的地理定位精度和海量星上存储。

5. 风云气象卫星

风云气象卫星是中国于 1977 年开始研制的气象卫星，如图 4.7 所示。截至 2022 年 4 月，已成功发射了“两代四型”共 19 颗风云气象卫星，成为目前世界上在轨数量最多、种类最全的气象卫星星座。多年来，风云气象卫星实现了从无到有、从跟跑到并跑再到部分领域领跑的跨越，我国台风、暴雨、洪涝等气象灾害的监测预警能力大幅提升。如今，风云气象卫星已被世界气象组织纳入全球业务应用气象卫星序列，成为全球综合地球观测系统的重要成员。

图 4.7 风云气象卫星

4.2.3 遥感影像的处理

1. 常见的遥感影像处理软件

1)ERDAS IMAGINE

ERDAS IMAGINE 是美国公司开发的遥感图像处理系统，如图 4.8 所示。ERDAS IMAGINE 以其先进的图像处理技术，友好、灵活的用户界面和操作方式，面向广阔应用领域的产品模块，服务于不同层次用户的模型开发工具及高度的 RS/GIS(遥感图像处理和地理信息系统)集成功能，为遥感及相关应用领域的用户提供了内容丰富而功能强大的图像处理工具。该软件在行业中占有一定的市场份额。

图 4.8 ERDAS IMAGINE 软件界面

2)ENVI

ENVI 是美国公司的一个功能完整的遥感图像处理平台，其中的数据处理功能覆盖了图像数据的输入输出、定标、增强、纠正、正射校正、镶嵌、数据融合，以及各种变换、信息提取、图像分类、基于知识的决策树分类、与 GIS 软件的整合、DEM 制作及地形信息提取、雷达数据处理、三维立体显示分析等。

ENVI 是遥感影像市场占有率高的软件。众多的影像分析师和科学家选择 ENVI 来从遥感影像中提取信息。ENVI 已经广泛应用于科研、环境保护、气象、石油矿产勘探、农业、林业、医学、国防安全、地球科学、公用设施管理、遥感工程、水利、海洋、测绘勘察和城市与区域规划等领域。

3)eCognition

eCognition 是由德国公司开发的智能化影像分析软件。eCognition 是所有商用遥感软件中第一个基于目标信息做信息提取的软件，它采用决策专家系统支持的模糊分类算法，突破了传统商业遥感软件单纯基于光谱信息进行影像分类的局限性，提出了面向对象的分类方法，提高了高空间分辨率数据的自动识别精度。

2. 遥感影像处理流程

遥感影像处理是对遥感影像进行辐射校正和几何纠正、图像整饰、投影变换、镶嵌、特征提取、分类及各种专题处理等一系列操作，以求达到预期目的的技术。遥感影像处理可分为两类：一是利用光学照相和电子学的方法对遥感模拟影像进行处理，称为光学处理；二是利用计算机对遥感数字影像进行一系列操作，从而获得某种预期结果的技术，称为数字影像处理。

1）预处理

（1）预处理环节主要进行遥感影像的降噪处理，包括去除周期性噪声和尖锐性噪声。叠加在原图像上的周期性噪声一般可以用带通或者槽形滤波的方法来消除。消除尖峰噪声，特别是与扫描方向不平行的，一般用傅里叶变换进行滤波处理的方法。消除噪声前后的效果对比如图 4.9 所示。

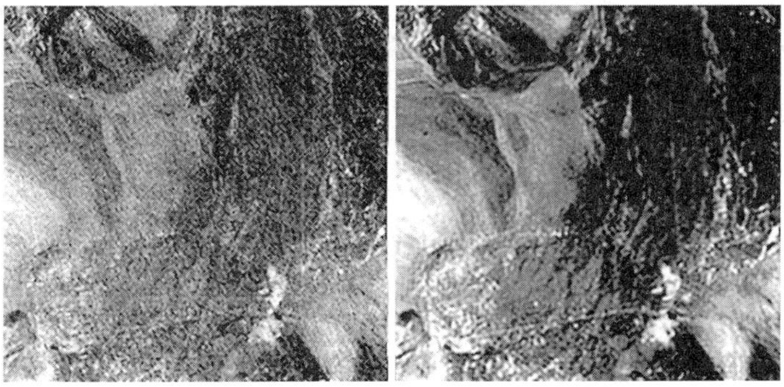

（a）消除前　（b）消除后

图 4.9　消除噪声

（2）去除坏线和条带。遥感图像中通常会出现与扫描方向平行的条带，还有一些与辐射信号无关的条带噪声，一般称为坏线。去除条纹前后的效果对比如图 4.10 所示。一般采用傅里叶变换和低通滤波进行消除或减弱。

（a）去除前　（b）去除后

图 4.10　去除条纹

（3）对于有些遥感图形中出现的薄云可以进行减弱处理。

（4）由于太阳高度角的原因，有些图像会出现山体阴影，可以采用比值法对其进行消除。

2）几何纠正

为使遥感影像定位准确，在使用遥感图像前，必须对其进行几何精纠正，在地形起伏较大的地区，还必须对其进行正射纠正。特殊情况下还须对遥感图像进行大气纠正。

（1）图像配准。为使同一地区的两种数据源能在同一个地理坐标系中进行叠加显示和数学运算，必须先将其中一种数据源的地理坐标配准到另一种数据源的地理坐标上，这个过程叫作配准。图像配准前后的效果对比如图 4.11 所示。

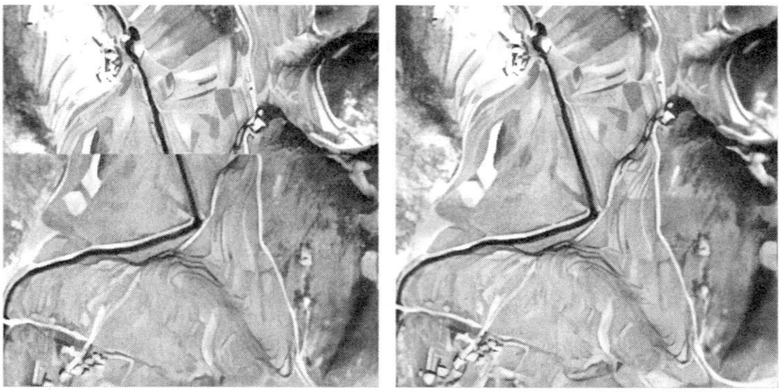

（a）配准前　　（b）配准后

图 4.11　图像配准

（2）几何粗纠正。几何粗纠正是遥感卫星原始数据产品供应商对遥感影像的几何畸变进行纠正的步骤。地面接收站在向用户提供遥感影像前，会根据常规处理方案结合与影像同时接收到的有关卫星运行姿态、传感器性能指标、大气状态、太阳高度角等数据对该幅影像进行几何畸变纠正。

（3）几何精纠正。为准确地对遥感数据进行地理定位，需要将遥感数据准确定位到特定的地理坐标系，这个过程称为几何精纠正。纠正后的影像和地形图套合的效果如图 4.12 所示。

图 4.12　纠正后的影像和地形图套合的效果

（4）正射纠正。利用已有地理参考数据（影像、地形图和控制点等）和数字高程模型（DEM），对原始遥感影像进行纠正，可消除或减弱地形起伏带来的影像变形，使得遥感影像具有准确的地面坐标和投影信息。

3）影像增强

为使遥感影像所包含的地物信息可读性更强，所关注目标更突出，需要对遥感影像进行增强处理。影像增强前后的效果对比如图 4.13 所示。

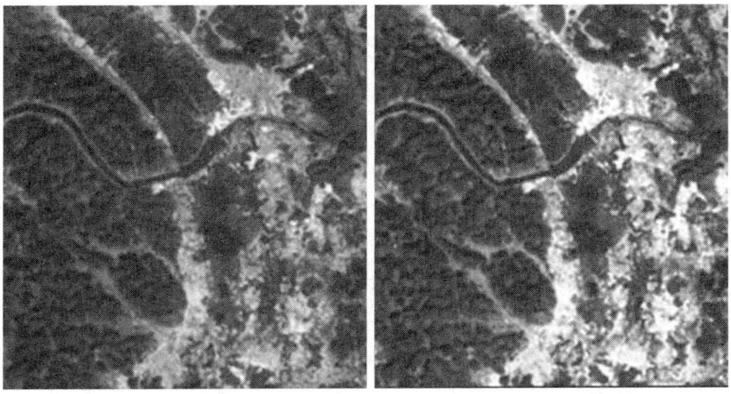

（a）增强前　　（b）增强后

图 4.13　影像增强

4)影像裁剪

在日常遥感应用中，常常只对遥感影像中一个特定的范围内的信息感兴趣，这就需要将遥感影像裁剪成研究范围的大小。遥感原始影像如图 4.14 所示，裁剪效果如图 4.15 所示。

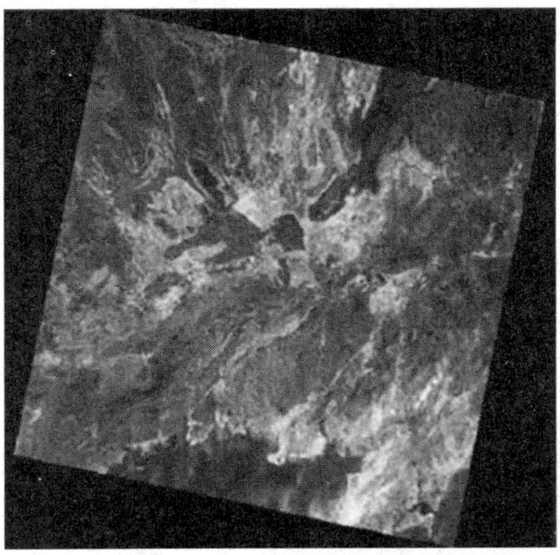

图 4.14　遥感原始影像

图 4.15　按地理区域裁剪的结果

(1)按关注区裁剪。根据关注区(ROI)范围大小对原始影像进行裁剪。

(2)按文件裁剪。按照指定影像文件的范围对原始影像进行裁剪。

(3)按地图裁剪。根据地图的地理坐标或经纬度的范围对原始影像进行裁剪。

5)影像镶嵌和影像匀色

(1)影像镶嵌。影像镶嵌是将两幅或多幅数字影像(它们有可能是在不同的条件下获取的)拼在一起,构成一幅整体影像的技术过程。操作步骤通常是先对每幅影像进行几何校正,将它们规划到统一的坐标系中,然后对它们进行裁剪,去掉重叠的部分,再将裁剪后的多幅影像装配起来形成大幅面的影像,如图 4.16 所示。

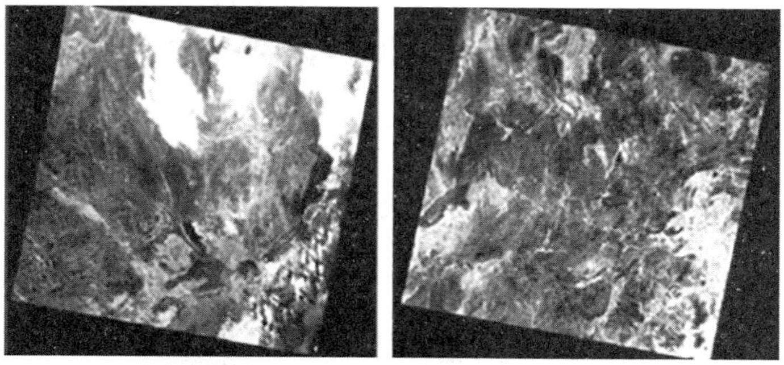

(a) 影像一　　(b) 影像二

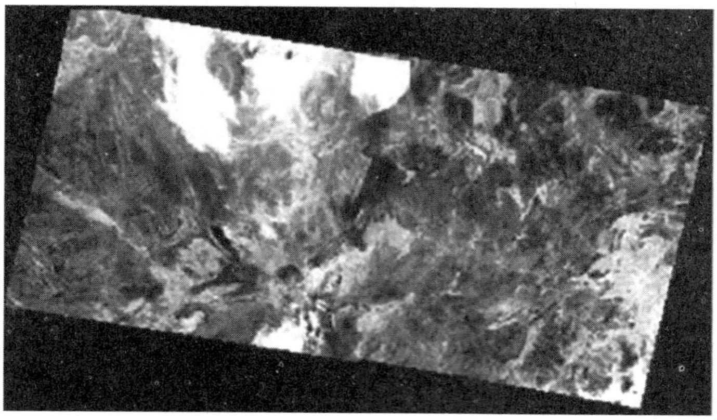

(c) 镶嵌结果

图 4.16　影像镶嵌

(2)影像匀色。在实际应用中,用来进行图像镶嵌的遥感影像,经常是来源于不同传感器、不同时相的遥感数据,在做图像镶嵌时经常会出现色调不一致。这时就需要结合实际情况和整体协调性对参与镶嵌的影像进行匀色。影像匀色前后的效果对比如图 4.17 所示。

6)遥感信息提取

遥感影像中目标地物的特征是地物电磁波辐射差异在遥感影像上的反映。依据遥感影像上的地物特征,识别地物类型、性质、空间位置、形状、大小等属性的过程即为遥感信息提取。目前信息提取的方法有目视判读法和影像分类法。

(1)目视判读法,也称作人工解译法,即用人工的方法判读遥感影像,对遥感影像上目标地物的范围进行手工勾绘,达到信息提取的目的。

(2)影像分类法,是依据地物的光谱特征,确定判别函数和相应的判别准则,将影像所有的

（a）匀色前　（b）匀色后

图 4.17　影像匀色

像元按性质分为若干类别的过程。

4.2.4　卫星遥感技术的应用

卫星遥感技术的应用范围十分广泛，如农业、林业、矿产、地质、水文和水资源研究、海洋研究、环境监测等方面。

1．农业、林业方面的应用

在农业方面，利用卫星遥感技术可以识别各类农作物，计算其种植面积，并根据作物生长情况估计产量。例如，利用卫星遥感资料对世界小麦产量进行估算，精度达 90%。这种大面积的估产对于国际贸易、储运、加工等都有重要意义。在农作物生长过程中，可以利用遥感技术分析其长势，及时进行灌溉、施肥和收割等。当农作物受灾时，可以实时监测。

在林业方面，利用遥感技术可以清查森林资源，监测森林火灾和病虫害。火灾是林业的大敌。利用航空红外遥感技术，不仅能发现已燃烧起来的烈火，而且可以探测到小面积范围内的火情，对尚未起火的隐伏火情及时作出预报。利用卫星遥感，一次就可探测到上千平方千米范围内所发生的林火现象。例如，遥感技术在我国扑灭大兴安岭特大林火事件中起到了关键的作用。

2．矿产方面的应用

遥感技术为地质研究和勘查提供了先进的手段，可为矿产资源调查提供重要依据与线索，为高寒、荒漠和热带雨林地区的地质工作提供有价值的资料。特别是卫星遥感，为大区域甚至全球范围的地质研究创造了有利的条件。

3．地质方面的应用

常规的地质勘查工作都从点、线观测着手，待汇集了大量的资料后才能描述一个地区的地质特征，进而进行分析研究。利用遥感资料就可以首先从分析遥感资料入手，然后有重点地选择若干点进行野外观测与验证。这样，不仅大大减少了野外工作量，节省人力、物力，还加快了速度，提高了精度。这对区域地质填图是特别适用的。

由于遥感图像具有广阔的视域，能真实地反映各种地质现象间的关系，因此，利用遥感图像进行地质构造分析，常能发现地面常规工作不能发现的地质构造。尤其是对于第四纪松散沉积物覆盖下的一些隐伏构造，遥感图像反映得相当清晰。

4. 水文和水资源研究方面的应用

遥感技术既可观测水体本身的特征和变化，又能对水体周围的自然地理条件及人类活动提供全面的信息，为深入研究自然环境与水文现象之间的相互关系，进而为揭露水在自然界的运动变化规律创造了有利条件。而且，由于卫星遥感对自然界环境动态监测远较常规地面方法更全面、精确，并且能获得全球自然环境动态变化的大量数据，这对于研究区域性的水文过程，乃至全球性的水循环、水量平衡等重大水文课题具有无可比拟的优越性。

利用遥感技术不仅能确定地表江河、湖沼和冰雪的分布、面积、水量和水质，而且对勘测地下水资源也是十分有效的。在青藏高原地区，经过对遥感图像做判读分析，对已有湖泊的面积、形状修正得更加准确，这为水资源管理提供了很好的支撑。

在水文情报方面，卫星遥感技术能提供长期的动态情报，可以帮助预报旱情、融雪径流和暴雨洪水，监测洪水动向，调查洪水泛滥范围及受涝面积和受灾程度等。

5. 海洋研究方面的应用

遥感技术已被成功地应用于海面温度、盐度、海冰、波浪和潮汐等海洋学各要素的监测，以及海岸带地质地貌调查、海涂资源调查、海岸线长度测算、海岸动态变化监测、河流与海洋相互作用研究、海岸带资源开发研究等方面。此外，利用遥感技术对海洋进行大面积的实时探查，为预报和侦察鱼群提供了可能性。

6. 环境监测方面的应用

遥感技术的快速发展有效带动了环境多元监测能力的提升，环境监测数据逐步从单一化向全要素转变，监测范围逐步从孤立的点位，发展到城市、区域乃至更大尺度的空间，充分支撑了生态环境保护工作。

4.3 激光雷达扫描技术

激光雷达扫描技术是近几十年以来在摄影测量与遥感领域中出现的重要技术。激光雷达通过记录从目标物返回的激光脉冲信号来实现快速、高效地获取目标物的精确的三维空间信息。激光雷达系统集激光测距、数码相机等为一体，具有全天时、全天候、主动、快速、高精度和高密度等特点。

4.3.1 激光雷达简介

激光雷达(light detection and ranging，LIDAR)是一种通过发射激光束来探测远距离目标的散射光特性以获取目标物体相关信息的光学遥感技术，是传统雷达技术和现代激光技术、信息技术相结合的产物。它采用红外和近红外波长，进行主动式的遥感，是一种快速直接获取地形表面模型的技术。与其他传统影像遥感不同，激光雷达不受天气、光照等自然条件的影响，可以直接获取地面特征点在三维空间的位置，真正实现全天时、全天候数据获取，在数字测图、环境监测、城市建模等方面具有很好的应用优势。

这些年来，激光雷达技术飞速发展，从开始最简单的激光测距技术，逐步发展了激光跟踪、激光测速、激光扫描成像、激光多普勒成像等技术，不同用途的激光雷达设备陆续出现在市场上，如精密跟踪激光雷达、侦测激光雷达、水下激光雷达等，从而使激光雷达成为一类具有多种功能的技术装备。随着自动驾驶、数字孪生、实景三维中国等业务的兴起，激光雷达应用场景不断扩大，打破了原来仅局限于军事领域的局面，在民用和商业领域得到较快发展。

4.3.2 激光雷达测距原理

无论是普通雷达、激光雷达、毫米波雷达，还是超声波雷达，其工作原理都是一样的：发出信号，测量信号从物体反射回来的时间，由于信号的传播速度恒定，因此可以通过测量时间来计算距离。这一物理学基础在过去一个世纪中并没有改变。主要有以下几种测距基本原理。

1. 三角法测距原理

三角法测距原理如图 4.18 所示，激光器发射激光，在照射到物体后，反射光由探测器(CCD、CMOS 等)接收。由于激光器和探测器间隔了一段距离，所以依照光学路径，不同距离的物体将会成像在探测器上的不同位置，按照三角公式进行计算，就能推导出被测物体的距离 D，即

$$D=f(L+d)/d$$

式中，f 为接收透镜的焦距，L 为发射光路光轴与接收透镜主光轴之间的偏移(即基线距离)，d 为在接收探测器上的位置偏移量。探测器是一种半导体成像器件。

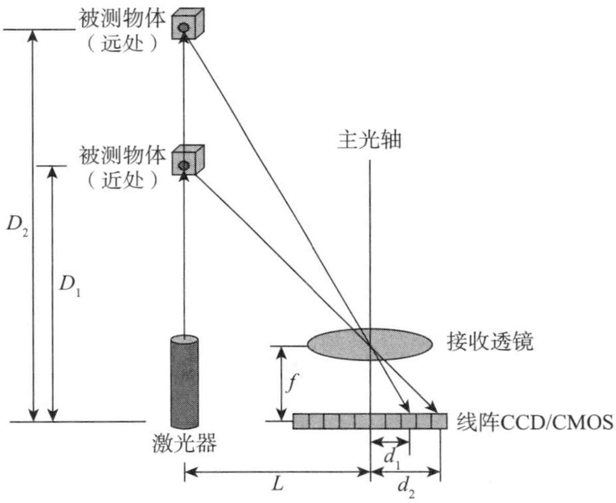

图 4.18　三角法测距原理

2. 激光测距原理

激光器发射一个激光脉冲，并由计时器记录下出射的时刻，返回光经接收器接收，并由计时器记录下返回的时刻。两个时刻相减即得到了光的“飞行时间”，而光速是一定的，因此在已知速度和时间后很容易就可以计算出距离。激光测距原理如图 4.19 所示。

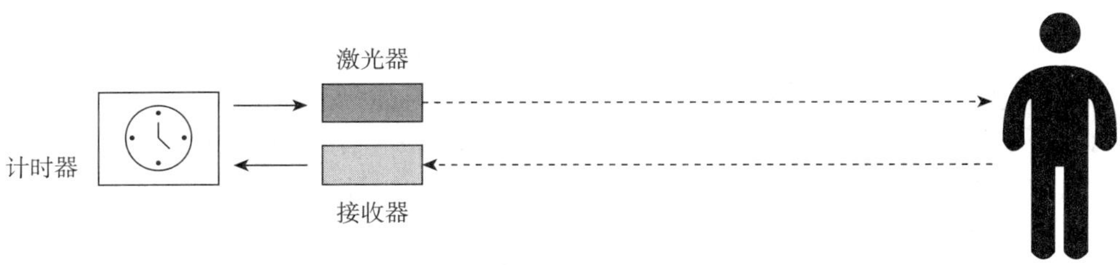

图 4.19　激光测距原理

4.3.3 三维激光扫描仪分类

1. 地面三维激光扫描仪

1)地面三维激光测距原理

激光发射器发出的激光扫描物体表面,激光在目标表面上发生漫反射,其中部分反射光线返回接收器,在计算机中对激光扫描线图像进行处理,根据返回的激光计算目标点的方向与距离,得到物体表面的三维坐标数据,快速建立原型样件的三维模型。因此地面三维激光扫描技术又被称为实景复制技术,是测绘领域继卫星定位测量技术之后的又一种重要的新技术。它突破了传统的单点测量方法,具有高效率、高精度的独特优势。地面三维激光扫描技术能够提供被扫描物体表面的三维点云数据,因此可以用于获取高精度高分辨率的数字地形模型。地面测距原理示意如图 4.20 所示。

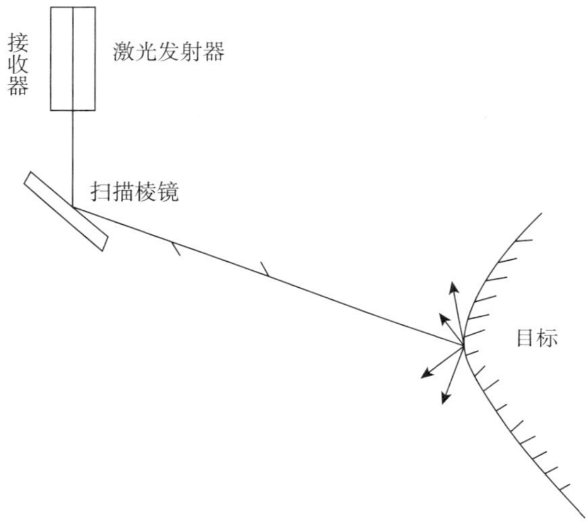

图 4.20 测距原理示意

2)地面三维激光扫描技术特点

(1)非接触式测量。地面三维激光扫描技术采用激光非接触式高速扫描目标的方式进行测量,不需要反射棱镜,对扫描目标物体不需要进行任何的表面处理,直接对目标进行扫描,采集物体表面云点的三维坐标信息,所采集的数据完全真实可靠。地面三维激光扫描技术可以用于危险目标(或柔性目标)、环境恶劣及人员难以到达等情况,具有明显的优势。

(2)数据采集率高。目前采用相位激光方法测量的三维激光扫描仪采样速率可以达到每秒数十万点,而采用脉冲激光或时间激光的采样速率也可达到每秒数千点。可见采样速率是传统测量方式难以比拟的。

(3)扩展性强。得到的数据能够与其他软件进行数据共享及交换,可以和卫星定位设备、数码相机配合使用,拓宽了它的应用范围。使用数码相机,增强了彩色信息的采集,更加全面地获取扫描得到的目标信息。卫星定位技术的应用,使得三维激光扫描技术与工程的结合更加紧密,具有较好的扩展性,也进一步提高了测量数据的准确性。

(4)高分辨率,高精度。

(5)数字化程度高,兼容性好。

(6)主动发射扫描光源。

(7)结构紧凑,防护能力强,环境适应能力强。

(8)应用广泛,有其他传统测量仪器所没有的特点和使用场景。

3)地面三维激光扫描技术应用

(1)在建筑物重建与恢复中的应用。古代的建筑都是人民智慧的结晶,有些建筑物已经到了修缮的阶段,有些需要重建和恢复。所谓古建筑物的重建是不一定要按照以前被破坏的建筑来建,是在被破坏的地方,重新建造建筑物,可以保留原有的风格,也可以有自己独特的风格。恢复则是将已经被破坏的古建筑物恢复为以前的面貌,使其保持原来的风姿。无论是恢复或重建都要按照应有的规范,根据已有的传承资料如历史遗留的旧照片等来进行建造。否则,就很难达到恢复和重建的效果。20世纪90年代以来,地面三维激光扫描技术迅速发展起来,尤其在建筑设计及古建筑恢复重建方面,它可以深入任何复杂的现场环境及空间中进行扫描操作,并通过计算机系统直接完整地采集到各种大型、不规则、复杂、标准或非标准的等实体或实景的三维建筑数据信息,进而快速重建出目标的三维模型。它所采集的三维激光点云数据还可进行各种后处理工作,如测绘、监测、计量、分析、模拟、仿真、展示、虚拟现实等,它是各种正向工程的对称应用,即逆向工程的应用工具。

(2)在测绘中的应用。三维激光扫描技术在测绘领域有着非常广泛的应用。三维激光扫描技术与惯性导航系统(INS)、全球导航卫星系统(GNSS)、电荷耦合器件(CCD)等技术相结合,在大范围数字高程模型(DEM)的高精度实时获取、城市地面三维模型重建、局部区域的地理信息获取等方面都具有明显的优势,成为摄影测量与遥感技术的重要补充技术手段,主要应用于滑坡监测、文物修复测量、边坡变形监测及城镇地籍测量等领域。

(3)在抗震救灾中的应用。在地震发生以后,为了记录地震发生现场的真实情况和震后研究产生各种灾害的原因,需要通过扫描点云数据,在计算机中模拟现场。

2. 车载三维激光扫描仪

车载激光雷达又称车载三维激光扫描仪,是一种移动型三维激光扫描系统。近些年来,三维激光扫描仪已经从固定设站朝移动设站方向发展,最具代表性的就是车载三维激光扫描仪和机载三维激光雷达。车载三维激光扫描仪系统采用车载平台,集激光雷达设备、遥感系统、数码相机于一体,利用激光扫描和数字摄影技术,获取道路两侧高密集度的点云、近景影像数据。三维激光扫描仪的系统传感器部分集成在一个可稳固连接在普通车顶行李架或定制部件的过渡板上。支架可以分别调整激光传感器头、数码相机、惯性测量单元与卫星定位天线的姿态或位置,如图4.21所示。高强度的结构足以保证传感器头与导航设备间的相对姿态和位置关系稳定不变。车载三维激光扫描仪弥补了机载三维激光雷达在地面地物信息获取方面的局限,能在更多、更广的范围内获取三维空间数据。车载三维激光扫描仪系统的灵活性和经济性很高,其应用前景广阔。此外,作为航空测量的补充,车载三维激光扫描仪系统是完善三维城市模型等高精度、高分辨率应用的最佳手段之一。

1)车载三维激光扫描仪技术原理

车载三维激光扫描仪的工作原理就是通过发射和接收激光束,分析激光遇到目标对象后的折返时间,计算出目标对象与车的相对距离,并利用此过程中收集的目标对象表面大量密集的点的三维坐标、反射率和纹理等信息,快速复建出被测目标的三维模型及线、面、体等各种图件数据,建立三维点云图,绘制出环境地图,以达到环境感知的目的。车载激光测距原理如

图 4.22 所示。从效果上来讲，激光雷达线束越多，测量精度越高，安全性也越高。

图 4.21　车载三维激光扫描仪

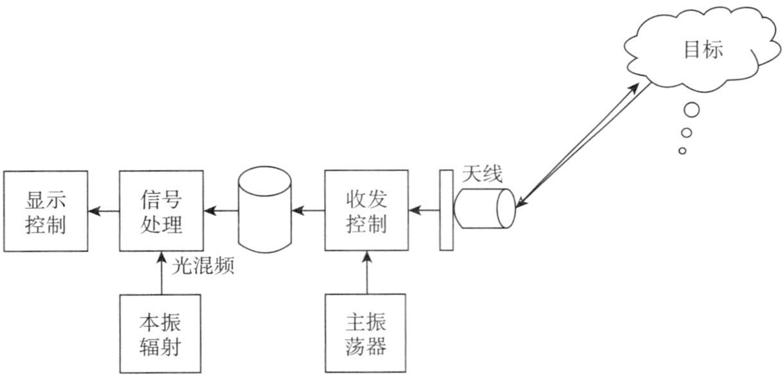

图 4.22　车载激光测距原理

2）车载三维激光扫描仪应用

(1)环境科学领域的应用。2001 年，我国研制出第一台用于大气环境监测的车载三维激光扫描仪。它利用激光雷达进行大气监测，基于大气对激光的散射、吸收、消光等物理过程，并通过定量分析激光大气回波来监测大气。由于激光雷达的高时空分辨能力，以及具有连续、实时、大范围监测的特点，激光雷达大气污染测量系统将越来越多地用于大气污染环境的监测和研究。车载三维激光扫描技术已成为大范围快速监测大气环境的新一代高技术手段。2004 年中国科学院安徽光学精密机械研究所研制出车载式拉曼-米散射激光雷达、偏振-米散射激光雷达和多普勒测风激光雷达。这些激光雷达系统的相继投入使用，为我国大气气溶胶、云和臭氧空间垂直分布的测量积累了丰富而宝贵的资料，引起了世界各国的普遍重视。

(2)公路的测量、维护和勘察方面的应用。目前国内在公路勘测方面车载激光应用较多，其服务范围基本上涵盖了中国的大部分地区，也涵盖了公路勘测的各个阶段：工程可行性研究、初步设计、施工图设计、改扩建等。2011 年我国在平均海拔 4 000 m 的西藏那曲地区，将车载三维激光扫描技术应用到 G317 线改扩建项目中。车载三维激光雷达技术在公路拓宽勘察设计中主要用于数据采集，包括获取地面点的平面坐标和高程，构建高精度的数字地面模型（DTM），从中提取路线纵、横断面数据和结构物空间三维坐标。随着社会经济高速发展和公路网络化的形成，公路改扩建项目逐渐增加。使用车载三维激光雷达技术进行拓宽勘测工作，不仅可以降低外业测量的工作量，还可以降低安全风险，并且提高了作业效率，有着常规测量技术无法比拟的优势。图 4.23 是车载三维激光扫描仪在公路上的采样结果示例。

图 4.23　车载三维激光扫描仪点云成果

3. 机载三维激光扫描仪

机载三维激光雷达技术是将激光测距设备、卫星导航定位设备和惯导等设备紧密集成，以飞行平台为载体，通过对地面进行扫描，记录飞行姿态及目标的位置和反射强度等信息，获取地表的三维信息，并深入加工得到所需空间信息的技术，如图 4.24 所示。20 世纪 90 年代初在德国出现首个商用机载三维激光雷达系统后，其研究和应用得到极大发展。国内开展机载三维激光雷达技术的研究比国外大约晚 10 年，随着研究的深入和硬件技术的发展，机载三维激光雷达技术在我国有了巨大发展。

1）机载三维激光雷达的技术优势

（1）主动获取数据能力。机载三维激光雷达技术是一种主动式测绘地表空间信息的技术手段。测绘探测技术手段总体来说可以分为两大类，即主动式和被动式。被动式测绘探测技术获取的信息来自目标反射的电磁波信息（如太阳光）或者目标自身辐射的电磁波信息，此类型的测量技术手段受天气、光照等自然条件的影响和制约。机载三维激光雷达技术属于主动式探测手段，通过主动发射激光脉冲，获取探测目标反射回来的信号并处理得到地表目标的空间信息。因此，机载三维激光雷达技术有不受天气、光照等条件制约的优势。例如在汶川地震中，机载三维激光雷达技术就在恶劣复杂的环境中获取了高精度的地面空间信息。

（2）穿透能力。机载三维激光雷达发射的激光脉冲对于植被具有一定的穿透能力。在对森林等区域进行探测时，存在着树木等植被的枝叶遮挡的情况，这对探测的结果会有较大的影响。机载三维激光雷达技术发射的激光脉冲信号对植被具有一定的穿透能力，可以很大程度上减少植被枝叶遮挡等造成的信息损失，获取森林地区的真实地形数据。

（3）外业工作量小。机载三维激光雷达技术获取空间信息的速度快、效率高、作业安全。

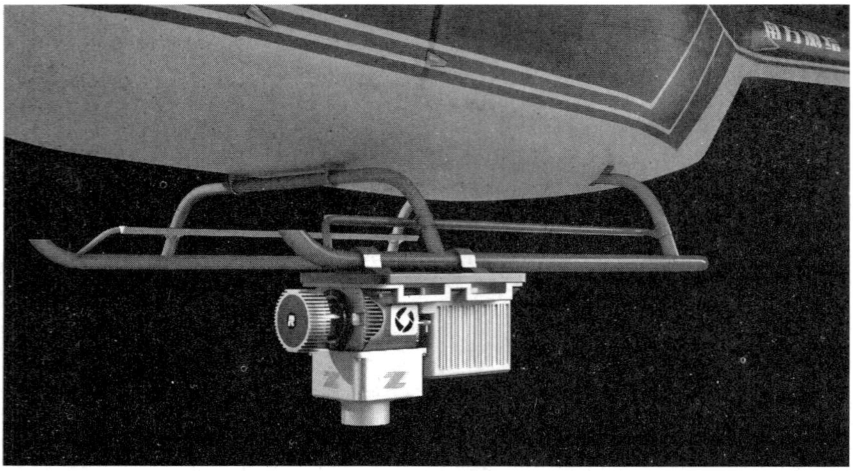

图 4.24 机载三维激光扫描设备

机载三维激光雷达技术通过飞行器的飞行和激光脉冲的扫描完成探测工作，能在短时间内获取大区域、大范围的地表空间信息，工作效率较高，和传统人工测量的技术手段相比，极大地减少了工作量，缩短了外业测量的时间，提高了探测工作的效率。利用无人机等飞行器可以对很多较为危险的区域进行探测，使得作业的安全性得以保障。这些优势在电力巡线中有很好的应用。

(4)高精度。探测技术获取的数据的精度，是评价该技术的重要指标。机载三维激光雷达技术能快速获取大范围区域的地面目标的空间坐标，具有较高的精度，保证了数据的可用性。在 1 000 m 以下飞行高度，机载三维激光雷达所获取的点云数据的高程精度可以达到 15～20 cm，平面精度可以达到 30～100 cm。

(5)获取数据信息丰富。机载三维激光雷达技术不仅能够解算地面目标的三维空间坐标，同时可以记录地面目标的强度信息，部分三维激光雷达系统还能够记录回波次数信息。丰富的信息为三维激光雷达数据的应用提供了更多的可能性。强度信息和地面目标的反射率密切相关，不同物体具有不同的反射特性，将强度信息和三维坐标信息结合使用，可以用于对探测目标进行识别和分类。回波次数信息同样也可以作为一种辅助信息来使用。机载三维激光雷达技术能够提供丰富的信息，这也是三维激光雷达技术的一大特点和优势。部分学者综合使用三维激光雷达设备采集的多种信息，取得了很好的效果。

(6)处理速度快。三维激光雷达系统直接得到三维点云数据，经过去噪得到数字表面模型(DSM)数据，再经过滤波得到数字高程模型(DEM)数据。这些处理的自动化程度都很高，只需要很短的时间和少量的人工编辑就能完成。此外，基于三维点云的建模与空间分析等也能快速实现。

2)机载三维激光雷达的技术不足

(1)机载三维激光雷达技术采集的数据具有一定的盲目性。虽然三维激光雷达技术能够获取大量的采样数据，但其数据采集具有一定的盲目性，发射的激光点束不一定会打在关键的地形点上，可能导致关键地形点信息的缺失。而且，当发射的激光点束打在飞鸟、行人或者深井上，会造成点云数据出现粗差，因此在使用点云数据前，必须要进行粗差的探测与剔除。

(2)机载三维激光雷达技术比较复杂，专业性强。机载激光雷达是一种集成的设备，包含诸多先进的技术设备，如果没有相应的技术能力，将无法合理操作。

(3)机载三维激光雷达数据产品比较少。目前机载三维激光雷达的产品比较单一，没有充分发挥三维激光雷达点云数据的优势。在具体的行业应用中，经常需要专门设计对应的产品类型、指标和流程，程序比较烦琐，并且产品质量不稳定。

4.4 无人机摄影测量技术

4.4.1 摄影测量概述

1. 摄影测量的定义

摄影测量学是测绘学下面的一个分支，是通过影像研究信息的获取、处理、提取和成果表达的一门信息科学。1988年国际摄影测量和遥感学会(ISPRS)在第16届大会上对摄影测量与遥感的定义是：摄影测量与遥感是对非接触传感器系统获得的影像及其数字表达进行记录、量测和解译，从而获得自然物体和环境的可靠信息的一门工艺、科学和技术。

摄影测量是通过摄影机提取的影像(二维)进行量测，测定物体在三维空间的位置、形状、大小和相互关系的一门科学技术，其主要任务是测制各种比例尺的地形图、建立地形数据库，为地理信息系统、各种工程应用提供基础测绘数据。

根据不同的角度，摄影测量可进行不同分类。按摄影距离的远近，可分为航天摄影测量、航空摄影测量、地面摄影测量、近景摄影测量和显微摄影测量。按用途，可分为地形摄影测量和非地形摄影测量。按处理的技术手段，可分为模拟摄影测量、解析摄影测量和数字摄影测量。

2. 航空摄影测量

航空摄影测量作为测绘基础手段之一，能快速获取和更新地理空间信息，在测绘领域有着十分重要的作用。传统的航空摄影测量一般采用有人机作为载体，其成本高、测图周期长，并且对天气的依赖性强。随着我国科学技术和信息化建设不断发展，大面阵数字航空摄影测量技术和倾斜摄影测量技术的出现使用户能够获取更加丰富的地理信息和纹理信息。其中，大面阵数字航空摄影测量能够快速获取高分辨率的大幅面影像，实现大比例尺成图。倾斜摄影测量是从多个角度观测地物，更加真实地反应地物的实际情况，并进行精准测量，降低城市三维建模的成本。

3. 无人机航空摄影测量

无人机航空摄影测量是传统航空摄影测量手段的有力补充，如图4.25所示，具有机动灵活、高效快速、精细准确、作业成本低、适用范围广、生产周期短等特点。无人机航测主要是通过搭载数码相机进行小范围大比例尺的测绘生产以获取测量成果。相较于有人机，无人机受天气影响较小，阴天也可以进行航空拍摄，在小区域和飞行困难地区无人机具有明显优势。随着无人机与数码相机技术的发展，基于无人机平台的数字航摄技术已显示出其独特的优势。无人机与航空摄影测量相结合使得“无人机数字低空遥感”成为航空遥感领域的一个崭新的发展方向。

1)无人机航空摄影测量的优势

(1)低成本。无人机航摄系统及传感器成本远远低于其他遥感系统。整套系统成本低廉。

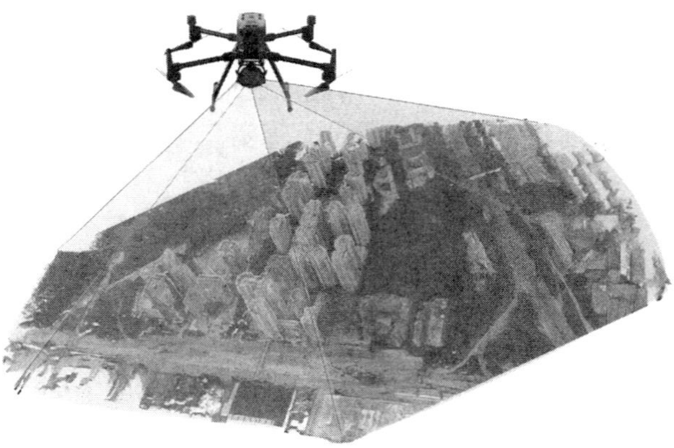

图 4.25 无人机航空摄影测量

一般的单位和个人都有能力负担。

(2)具有机动性、灵活性和安全性。不需要专用起降场地,升空准备时间短、容易操控,特别适合应用在建筑物密集的城市地区和地形复杂地区及南方丘陵、多云区域;能够在危险和恶劣环境下(如森林火灾、火山爆发等)直接获取影像,即便是设备出现故障,发生坠机,损失也不大。

(3)分辨率高、多角度(视角)。由于是低空航空摄影,一般在云下飞行,使用数码相机作为传感器,具备垂直与倾斜摄影能力,搭载卫星导航定位装置,可低空多角度摄影获取建筑物侧面的纹理信息,弥补了卫星遥感和普通航空摄影遇到的高层建筑遮挡问题。空间分辨率能达到分米级甚至厘米级,可用于构建高精度数字地面模型及三维立体景观图的制作。

(4)影像获取周期短、时效性强。无人机遥感几乎不受场地和天气影响,飞行前准备工作可少于 2 个小时,因此可快速上天获取满足要求的遥感影像,从准备航飞到获取影像周期短,影像获取后可立即处理得到航测成果,时效性强。

2)无人机航空摄影测量的劣势

无人机低空遥感系统凭借着众多的优势(如图像的实时获取),在环境监测、地理国情监测及应急指挥、土地利用动态监测、地质环境与灾害勘察、地籍测量、地图更新等领域得到充分的应用。但是与传统的航空影像相比,无人机航空摄影测量影像又存在以下问题:

(1)姿态稳定性差、旋偏角大。无人机在飞行时由飞控系统自动控制或由操控手远程遥控控制,由于自身质量小、惯性小,受气流影响大,俯仰角、侧滚角和旋偏角较传统航测来说变化快,致使影像的倾角过大且倾斜方向没有规律,并且幅度远超传统航测规范的要求。

(2)像幅小、数量多、基高比小。受顺风、逆风和侧风影响大,加上俯仰角和侧滚角的影响,航带的排列不整齐,主要表现在重叠度(包括航向和旁向重叠度)的变化幅度大,甚至可能出现漏拍的情况。为了保证测区没有漏拍,通常是通过提高航向和旁向重叠度的方法来实现这一点。同时普通单反相机像幅相对专业航摄仪来说,像幅小,在保证预定重叠度的情况下,整个测区影像数量成倍数增多,基高比也相应变小。

(3)影像畸变大。与传统的航空摄影专业航摄仪相比,无人机低空摄影选取数码相机作为成像系统,小数码影像(普通单反相机拍摄的)畸变大,影像边缘畸变可达 40 个像素以上。

由于无人机航空摄影测量影像的这些问题,给影像的匹配和空中三角测量等内业处理也带来了如下困难：

（1）由于姿态稳定性差、旋偏角大，比例尺差异大，降低了灰度匹配的成功率和可靠性。

（2）像幅小、影像数量多，导致空中三角测量加密的工作量增多、效率降低，航向重叠度和旁向重叠度不规则，给连接点的提取和布设带来困难，基高比小无疑对高程的精度也造成一定的影响。

（3）如若不考虑小数码影像的畸变差，直接使用小数码影像，将影响空中三角测量的精度。

4.4.2　无人机航空摄影测量流程

1. 作业流程

无人机航空摄影测量流程主要分为五个主要步骤，即准备工作、航空摄影测量、像片控制点测量、空中三角测量和产品制作，流程如图 4.26 所示。

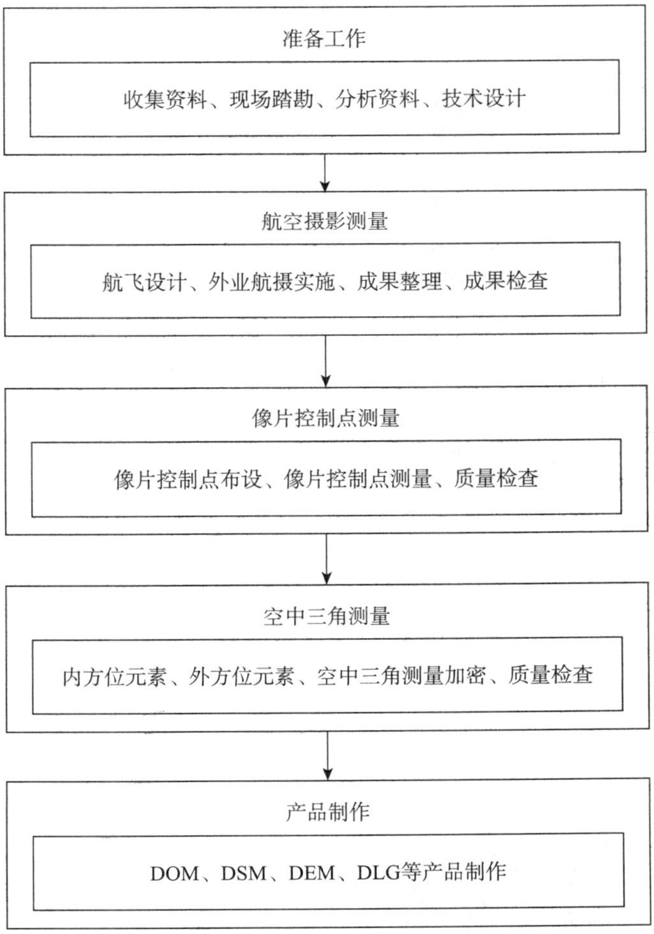

图 4.26　无人机航空摄影测量流程

其中，准备工作阶段需要收集项目需求、成果要求、测区基本信息、设备基本信息等，以便后续开展相应工作；航空摄影测量阶段完成外业航飞和像片采集工作；像片控制点测量阶段完成像片控制点的布设、测量和质量检查；空中三角测量阶段完成内、外方位元素的定位及空中三角测量加密和质量检查;产品制作阶段完成DOM、DSM、DEM、DLG等产品数据的生产制作。

2. 航空摄影测量

1)航线规划

无人机航线规划是指在综合考虑无人机机动性能、碰地概率、突防概率、油耗、威胁和飞行时间约束等各种因素下,找到一条从起始点到目标点的最优或最佳的可行飞行轨迹。

无人机航线规划问题的目标函数较为复杂,涉及对大量不同信息的处理问题。无人机航线规划通常分两个层次进行:第一层是整体参考航线规划;第二层是局部航线动态优化。整体参考航线规划是无人机飞行前在地面上完成的。整体参考航线的优劣通常是根据无人机的安全要求、任务要求、飞行时间及其他性能和因素来判定的,预先确定最优性能指标,以此最优性能指标为标准,采用某种合适的算法生成一条最优的参考航线。航线规划示例如图4.27所示。

图4.27 航线规划示例

2)外业航飞作业

在进行航飞作业之前,作业员需要对测区周围进行踏勘,收集地形地貌信息,以及周边的重要设备和交通信息,为无人机的起飞、降落、航线规划提供资料。航测之前首先应按规定申请空域,核实无人机登记状况,确保作业人员经过专业培训。

在起飞前,需对所有的设备、装置进行检查,主要包括航测相机的检校、飞机性能的检测、电池的电量、飞机内部各部件之间的稳固性,以及电台和卫星导航定位装置等设备的正常启动能力。同时实地判断飞行条件,确保飞行安全,再根据设定的航飞参数和航飞路线执行航飞作业。

目前大部分无人机都具备自动飞行控制系统,可以根据自行设定的参数和轨迹进行自动化飞行作业。但在无人机起飞后,作业人员仍需通过手簿实时观测无人机的飞行参数,如飞行姿态、电量、飞行时间、飞行高度等,并根据实际情况调整飞行计划,如图4.28所示。

图4.28 无人机航飞作业

3. 像片控制点测量

像片控制点(简称像控点)是摄影测量控制加密和内业数据生产的基础,野外像控点目标选择的好坏和指示点位的准确程度,直接影响成果的精度。像控点的布设效果如图 4.29 所示。

图 4.29　像控点布设效果

1)基于无差分卫星定位的无人机像控点布设与测量

以地球质心为参考点,确定导航卫星信号接收天线在 WGS-84 坐标系中的绝对位置的定位方法叫绝对定位。定位过程只需要一台接收机,又叫作单点定位(即无差分卫星定位)。卫星星历误差、信号传播误差和卫星的分布都会影响单点定位的精度。这些误差使得单点定位的精度很低,因此单点定位只适合用于低精度的测量领域。

根据卫星瞬时坐标,测定卫星和用户接收机天线之间的距离,进而确定用户接收机天线所处的位置,是卫星定位测量单点定位的基本原理。在这种定位过程中,接收机时间和卫星钟不能保持严格同步,两者必定有一定的时间差,所以测得的接收机天线与卫星之间的距离是受到卫星钟和接收机时钟共同影响后的值,这种测量称为伪距测量,测得的距离称作伪距。卫星钟差是可以通过卫星导航电文中所提供的相应钟差参数加以修正,而接收机钟差,一般不能提前测定。在数据处理中,可以将接收机钟差作为未知参数与观测站坐标一起解出。

卫星定位测量单点定位分为:

(1)动态单点定位。当用户接收机的位置在不断变化时,测定用户接收机在某一时刻的瞬时位置和速度,此即动态单点定位。动态单点定位广泛应用于飞机、船舶和车辆的导航定位中,在航空物探、卫星遥测等方面也有着广泛的应用。

(2)静态单点定位。当用户接收机的位置处于静止时,测定用户的静态位置,此即静态单点定位。这种定位方式允许用户长时间观测伪距,用户可以获得多余的伪距观测量,以提高定位精度。一般用于大地测量和工程测量。

对于这两种定位方式,测定的都是卫星至观测点的伪距。

2)基于差分卫星定位的无人机像控点布设与测量

卫星定位测量中动态绝对定位的精度仅为 10～40 m,这一精度不能满足诸多高精度测量工作的要求。目前主要采用动态相对定位(也称差分定位),即将一台接收机设置在一个坐标已知的基准站,另一台接收机安装在运动的载体上,载体在运动的过程中,其上的接收机与基准站上的接收机同步观测导航卫星信号,通过实时或测后数据处理,获取运动载体每一观测历元的瞬时位置。载波相位动态差分定位的精度可达到厘米级,可以满足航空遥感的要求。

4. 空中三角测量

空中三角测量是航空摄影测量中利用像片内在的几何特性，在室内加密控制点的方法，即利用连续摄取的具有一定重叠度的航摄像片，依据少量野外控制点，以摄影测量方法建立同实地相应的航线模型或区域网模型（光学的或数字的），从而获取加密点的平面坐标和高程。

解析空中三角测量指的是用摄影测量解析法确定区域内所有影像的外方位元素。在传统摄影测量中，这是通过对点位进行测定来实现的，即根据影像上量测的像点坐标及少量控制点的大地坐标，求出未知点的大地坐标，使得不少于四个已知点增加到每个模型中，然后利用这些已知点求解影像的外方位元素。解析空中三角测量也称摄影测量加密。

空中三角测量的精度可以从两个方面分析：第一，从理论上分析，将待定点（或加密点）的坐标改正数视为一个随机误差，根据最小二乘平差中的函数关系，结合协方差传播定律求出坐标改正数的方差-协方差矩阵，以此得到平差精度；第二，直接将地面量测值视为真坐标值，通过比较地面控制点的平差坐标值和地面测量坐标值进行较值分析，将多余的控制点坐标值视为多余观测值和检查点，进行精度分析，如图 4.30 所示。

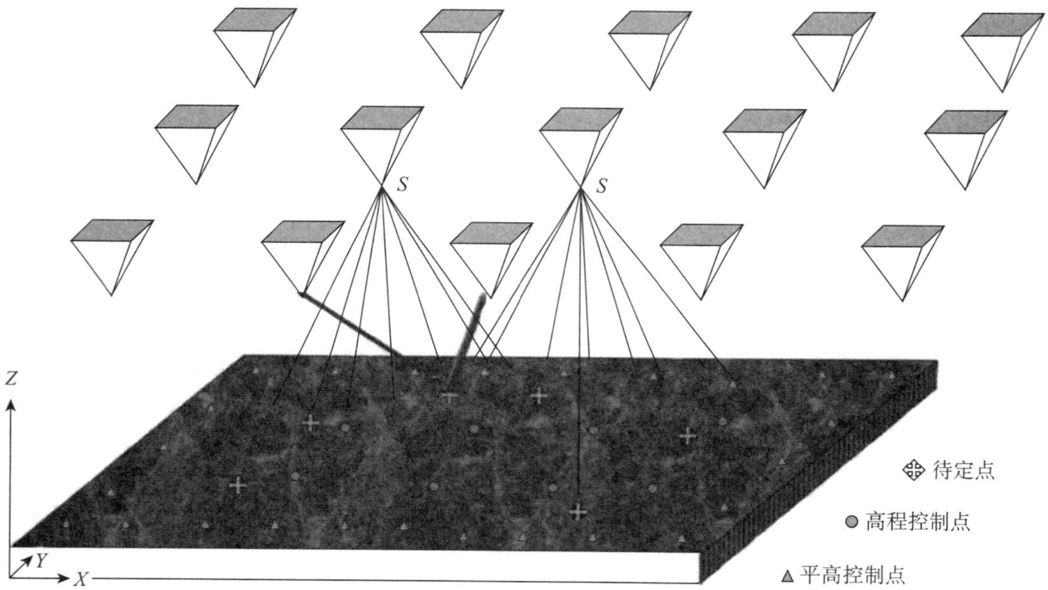

图 4.30 空中三角测量

5. 传统的测绘产品制作

在通过空中三角测量获取足够数量和精度的像片控制点后，全数字自动摄影测量系统可自动生成成果产品中的数字高程模型（DEM）、数字正射影像图（DOM）产品。无人机航摄像片处理流程如图 4.31 所示。

而对于数字线划图（DLG）产品，则需要利用无人机采集的影像或生成的正射影像，通过自动解译或人工解译的形式进行识别和矢量化，建立基础地理要素分层存储的矢量数据集，既包括空间信息也包括属性信息。

传统无人机摄影测量的 DLG 产品分为两种制作方式，一种是需要专业摄影测量采集设备的航测立体采集，另一种是基于 DOM 的数据采集。

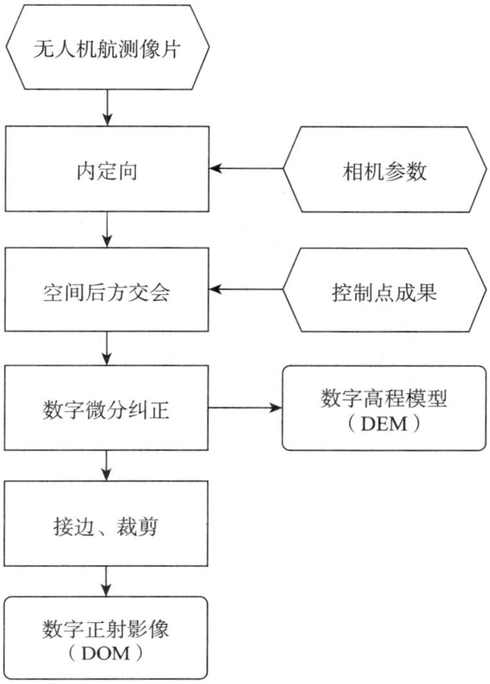

图 4.31　无人机航摄像片处理流程

1)基于立体像对的数据采集

立体像对简称像对,指的是从两个不同位置对同一地区所摄取的一对照片。用立体观测法和专用的工具可以在像对重叠影像部分内看出所摄目标的立体视模型,从而可以获取重叠区域内任一点的准确几何坐标和高程。这种方法需要采集人员使用专业的摄影测量工作站,佩戴立体采集设备进行矢量数据的采集。这种方式采集精度高,可以同时采集高程信息,但对人员和设备要求较高。由于无人机摄影测量属于低空摄影测量,拍摄的照片像幅较小,此种方式效率较低。立体测图如图 4.32 所示。

图 4.32　无人机航测立体测图

2)基于 DOM 的数据采集

基于 DOM 的数据采集指通过人工或自动的方式,识别数字正射影像(DOM)中的地物、地貌并进行勾绘的矢量采集方式。此种方式对人员和设备要求不高,但采集精度较差,只能获取平面位置,无法获取高程信息。

目前，基于影像的自动识别计算高程值的方法成为业内研究重点，并逐步应用到实际生产中，这将大大减少人工解译的工作量，提升工作效率，如图 4.33 所示。

图 4.33 基于 DOM 的 DLG 生产

4.4.3 无人机倾斜摄影测量

1. 倾斜摄影测量概述

倾斜摄影测量技术是测绘领域近些年兴起并已被广泛应用的一项新型摄影测量技术。它指在同一飞行平台上搭载多台传感器，同时从一个垂直、四个倾斜共五个不同的角度采集影像，如图 4.34 所示，从而获取更全面的地物侧面纹理信息，并通过后续数据处理，能够快速制作三维模型、正射影像等产品。

倾斜影像不仅能够真实地反应地物情况，而且还通过采用先进的定位技术，嵌入精确的位置和姿态信息，极大地扩展了遥感影像的应用领域。

图 4.34 倾斜摄影测量示意

而无人机倾斜摄影测量技术更是因为作业操作方便、周期短、效率高、成果丰富，被广泛应用于基础测绘数据生产与更新、农村不动产调查、智慧城市、智慧园区等业务领域。

2. 倾斜摄影测量相机

世界上较早的倾斜摄影测量相机被认为是徕卡公司 2000 年推出的 ADS40 三线阵数码相机，提供地物前视、正视和后视三个视角方向的影像。美国 Pictometry 公司和天宝公司

(Trimble)则专门研制了倾斜摄影用的多角度相机，可以同时获取一个地区多个角度的影像。我国的四维远见公司也研制了自主知识产权的多角度相机。

3. 常见的商用倾斜摄影测量软件

1)Photoscan

Photoscan 是俄罗斯 Agisoft 公司的产品，单机运行，程序稳定，从数字地形绘制、自由体三维重建到虚拟测量、动态三维重建等功能应有尽有，已经成功应用于影视、地形测绘、三维打印等诸多领域。而且界面友好，可扩展性强，可与其他图形图像软件互联互通、配合使用，综合性能一流。

2)ContextCapture Center

该软件是美国 Bentley 公司主打的突破传统摄影测量的软件产品，能够处理手机、单反相机、激光雷达等多种数据源的数据，处理的模型效果在当今所有三维软件中也是名列前茅的。现在 Acute3D 公司已经被 Bentley 公司收购，从而实现了摄影测量、三维扫描、CAD 建模技术的融合使用。ContextCapture Center 主要由主控制台(Master)、任务启动引擎(Engine)、三维模型展示(Viewer)等软件模块组成。处理数据时要注意，Master 加载照片完成后，一定要打开 Engine 软件，才能开始数据处理。

这款软件的建模优势如下：

(1)快速、简单、全自动。前期输入需要处理的照片，设置好参数后便可完成空三加密、三维建模重建、DOM 及 DSM 生成等工作。

(2)三维模型效果逼真。

(3)支持多种三维数据格式。OSGB(open scene graph binary)，是 Smart3D 生成的三维模型格式，是按二进制存储的带有嵌入式链接纹理(.jpg)的数据；OBJ 是国际通用的标准三维模型格式，大部分三维软件都支持这种格式的三维数据。

(4)支持多种数据源，包括固定翼无人机、载人飞机、旋翼无人机甚至手机的数据都可以用来进行建模运算。

3)Pix4Dmapper

Pix4Dmapper 是一款专门做测绘的软件，从数据采集软件(Pix4Dcapture)到 DOM、DSM 及三维模型生产都有涉及。但是它的三维效果相对于 Smart3D 来说还是有些差距，然而在 DOM 生成功能上更胜一筹。Pix4Dmapper 生成的 DOM 在导出时已经做好镶嵌。

4. 无人机倾斜摄影测量的特点

倾斜摄影测量技术是国际测绘领域近些年发展起来的一项高新技术，它颠覆了以往正射影像只能从垂直角度拍摄的局限，通过在同一飞行平台上搭载多台传感器，同时从不同的角度采集影像。倾斜摄影测量技术具有以下特点：

(1)相对于正射影像更能反映地物周边的真实情况，倾斜影像能让用户从多个角度观察地物，真实地反映地物的实际情况，弥补了基于正射影像的应用不足。

(2)倾斜影像可实现单张影像量测，通过配套软件，直接基于成果影像进行包括高度、长度、面积、角度、坡度等的量测，扩展了倾斜摄影技术在行业中的应用。

(3)可采集建筑物侧面纹理。针对各种三维数字城市应用，利用航空摄影大规模成图的特点，加上从倾斜影像批量提取纹理的方式，能够有效地降低数字城市三维建模的成本。

(4)相较于其他庞大的三维数据，应用倾斜摄影技术获取的影像的数据量要小得多，如

图 4.35 所示，其影像的数据格式可采用成熟的技术快速进行网络发布，实现共享应用。

图 4.35　倾斜三维模型

思考题

一、选择题(单选)

1. 以下哪一项不属于航空遥感平台？(　　)

　A. 飞机　　B. 人造卫星　　C. 空间站　　D. 火箭

2. 车载三维激光扫描时车外主要搭载哪些设备？(　　)

　A. 激光雷达　　B. 惯导设备　　C. 定位设备　　D. 以上都是

3. 激光雷达测距原理是(　　)。

　A. 测量从物体反射回来的时间　　B. 测量从物体反射回来的强度

　C. 测量从物体反射回来的波长　　D. 测量从物体反射回来的频率

二、简答题

1. 全球四大导航卫星系统是哪些？
2. 简述北斗导航卫星系统的发展历程。
3. 卫星定位的误差来源有哪些？

第5章　数字孪生技术构建智慧城市

随着科学技术和信息技术的不断发展和更新换代，最早起源于航天和工业领域的数字孪生概念陆续在医疗健康、建筑工业、能源获取等行业得到了广泛的应用。在智慧城市建设方面，通过数字孪生技术对物理世界中的人、物、事等要素进行数字化处理，建立一个和物理世界一一映射、实时交互的数字虚拟城市，将物理城市中所有要素的状态实时化和可视化，有效推动了城市规划、管理、运营的协同化和智能化，提升了城市决策的高效性和准确性。

5.1　数字孪生技术概述

在以物联网、大数据、人工智能等新技术为代表的数字浪潮席卷全球之际，数字孪生技术以各行各业的实际需求为出发点，以日益增长的数据为基础，构建物理要素在虚拟空间中对应的数字孪生体，从而实现对物理要素的数字化管理。真实物理世界中的每一个真实要素都可以生成与之一一对应的虚拟体，称之为数字孪生体，而其相关技术称作数字孪生技术。从根本上讲，数字孪生技术是通过数字化虚拟的方式对现实世界中某一物理要素的状态进行实时可视化显示。

5.1.1　数字孪生技术定义

作为近些年来兴起的新兴技术，数字孪生的定义还处于发展和演变中，暂时没有业界公认的标准定义，不同的专家学者和企业机构分别从自己的行业角度出发，为数字孪生给出定义。

美国国防采办大学给出的定义是：数字孪生是充分利用物理模型、传感器更新和运行历史等数据，集成多学科、多物理量、多尺度和多概率的仿真过程，在虚拟空间中完成对物理实体的映射，从而反映物理实体的全生命周期过程。

ANSYS公司认为：数字孪生是在数字世界建立一个与真实世界系统的运行性能完全一致，并且可实现实时仿真的仿真模型。利用安装在真实系统上的传感器数据作为该仿真模型的边界条件，实现真实世界的系统与数字世界的系统同步运行。

中国航空工业发展研究中心刘亚威认为：从本质上来看，数字孪生是一个对物理实体或流程的数字化镜像，创建数字孪生的过程，集成了人工智能、机器学习和传感器数据，以建立一个可以实时更新的、现场感极强的"真实"模型，用来支撑物理产品生命周期各项活动的决策。

北京航空航天大学张霖教授认为：数字孪生是物理对象的数字模型，该模型可以通过接收来自物理对象的数据而实时演化，从而与物理对象在全生命周期保持一致。

通过借鉴已有文献，杨尚文等给出的数字孪生概念为：数字孪生利用大数据、人工智能、物联网、深度学习和仿真建模等技术，从知识、信息、数据和信号等出发，通过汇聚、分析、挖掘和仿真等手段静态或动态掌握物理世界各类实体的外在形象、外部行为、内部关系和整体状态等，在虚拟世界建立描述物理世界实体数字特征的共生数字模型，构建实体模型与数字模型良性互动环境，形成实体模型与数字模型数字再生、数据同步、精准映射和共同进步的技术体系，实现数字模型向实体模型的深度学习，同时实体模型接收由数字模型演化产生的改进策略，实现从精准可视化到全要素数字表达再到智慧成长的全生命周期覆盖。

5.1.2 数字孪生技术发展历程

作为一种数字化理念和技术手段，数字孪生技术以数据与模型的集成融合为基础与核心，通过在数字空间实时构建物理对象的精准数字化映射，基于数据整合与分析预测来模拟、验证、预测、控制现实物理实体的全生命周期过程，最终形成智能决策的优化闭环。其中面向的物理对象包括实物、行为及过程，构建孪生体涉及的数据包括实时传感数据和运行历史数据，集成的模型涵盖物理模型、机理模型和流程模型等。

数字孪生的概念始于航天军工领域，经历了技术探索、概念提出、应用萌芽、行业渗透四个发展阶段。

1. 技术探索

数字孪生技术最早在1969年被美国应用于“阿波罗计划”中，用于构建航天飞行器的孪生体，反映航天器在轨工作状态，辅助紧急事件的处置。即构建两个相同的航天飞行器，其中一个发射到太空执行任务，另一个留在地球上用于模拟太空中航天器在任务期间的工作状态，从而辅助工程师分析处理太空中出现的紧急事件。然而此时的两个航天器都是真实存在的物理实体。

2. 概念提出

2003年左右，数字孪生(digital twin)的概念正式被密歇根大学的Grieves教授在产品全生命周期管理课程上提出，并强调全生命周期交互映射的特征。但是，当时“数字孪生”一词还没有被正式提出。

经历了几年的概念演进发展后，“digital twin”一词于2010年在美国国家航空航天局的技术报告中被正式提出，并被定义为“集成了多物理量、多尺度、多概率的系统或飞行器仿真过程”。

3. 应用萌芽

2011年，美国空军探索了数字孪生在飞行器健康管理中的应用，并详细探讨了实施数字孪生的技术挑战。2012年，美国国家航空航天局与美国空军联合发表了关于数字孪生的论文，指出数字孪生是驱动未来飞行器发展的关键技术之一。在接下来的几年中，越来越多的研究将数字孪生应用于航空航天领域，包括机身设计与维修、飞行器能力评估、飞行器故障预测等。

4. 行业渗透

近年来，数字孪生得到越来越广泛的传播。同时，得益于物联网、大数据、云计算、人工智能等新一代信息技术的发展，数字孪生技术在各行业呈现应用价值，除了航空航天领域，数字孪生还被应用于电力、船舶、城市管理、农业、建筑、制造、石油天然气、健康医疗、环境保护等行业。特别是在智能制造领域，数字孪生被认为是一种实现制造信息世界与物理世界交互融合的有效手段。许多著名企业(如空客、洛克希德-马丁、西门子等)与信息服务机构[如高德纳(Gartner)、德勤(Deloitte)、中国科学技术协会智能制造学会]对数字孪生给予了高度重视，并且开始探索基于数字孪生的智能生产新模式。数字孪生技术在工业、城市管理领域持续渗透，并向交通、健康医疗等垂直行业拓展，实现机理描述、异常诊断、风险预测、决策辅助等应用价值，有望在未来成为经济社会产业数字化转型的通用技术。

5.1.3　数字孪生技术发展现状

从政策层面来看，数字孪生成为各国推进经济社会数字化进程的重要抓手。国外主要发达经济体从国家层面制定相关政策、成立组织联盟、合作开展研究，加速数字孪生的发展。美国将数字孪生作为工业互联网落地的核心载体，侧重军工和大型装备领域应用；德国在工业 4.0 架构下推广资产管理壳（AAS），侧重制造业和城市管理数字化；英国成立数字建造英国中心，瞄准数字孪生城市，打造国家级孪生体。在 2020 年，美国工业互联网联盟（IIC）和德国工业 4.0 平台联合发布数字孪生白皮书，将数字孪生纳入工业物联网技术体系。自 2019 年以来，中国政府也陆续出台相关文件，推动数字孪生技术发展，将数字孪生作为建设数字中国的重要发展方向。工业互联网产业联盟（AII）也增设了数字孪生特设组，开展数字孪生技术产业研究，推进相关标准制订，加速行业应用推广。

从行业应用层面来看，数字孪生成为垂直行业数字化转型的重要智能技术。数字孪生加速与 DICT（智能分布式数字监控核心服务器）领域的最新技术融合，逐渐成为一种基础性、普适性、综合性的理论和技术体系，在经济社会各领域的渗透率不断提升，行业应用持续走深向实。在石化、冶金等流程制造业中，数字孪生聚焦工艺流程管控和重大设备管理等场景。在装备制造、汽车制造等离散制造业中，聚焦产品数字化设计和智能运维等场景，赋能产品全生命周期管理。在智慧城市领域中，数字孪生赋能城市规划、建设、治理、优化等全生命周期环节，实现城市全要素数字化、全状态可视化、管理决策智能化。

从市场前景层面来看，数字孪生是热度很高的数字化技术之一，存在巨大的发展空间。信息咨询公司高德纳（Gartner）连续三年（2017—2019 年）将数字孪生列入年度十大战略性技术趋势，认为它在未来将产生颠覆性创新，半数的大型工业企业将使用数字孪生，从而使这些企业的效率提高 10%；到 2024 年，超过 25%的全新数字孪生将作为新物联网原生业务应用的绑定功能被采用。根据国际市场研究机构 MarketsandMarkets 预测，数字孪生市场规模将由 2020 年的 31 亿美元增长到 2026 年的 482 亿美元，年复合增长率 58%。

从标准化层面来看，数字孪生标准体系初步建立，关键领域标准制修订进入快车道。ISO（国际标准化组织）、IEC（国际电工委员会）、IEEE（电气电子工程师学会）和 ITU（国际电信联盟）等标准化组织推动数字孪生分技术委员会和工作组的成立，推进标准建设、启动测试床等概念验证项目。数字孪生标准体系结构如图 5.1 所示。

5.1.4　数字孪生技术体系

1. 数字孪生技术架构

数字孪生技术通过构建物理对象的数字化镜像，描述物理对象在现实世界中的变化，模拟物理对象在现实环境中的行为和影响，以实现状态监测、故障诊断、趋势预测和综合优化。为了构建数字化镜像并实现上述目标，需要物联网、建模、仿真等基础支撑技术通过平台化的架构进行融合，搭建从物理世界到孪生空间的信息交互闭环。

整体来看，一个完整的数字孪生系统应包含以下四个实体层级：一是数据采集与控制实体，主要涵盖感知、控制、标识等技术，承担孪生体与物理对象间上行感知数据的采集和下行控制指令的执行；二是核心实体，依托通用支撑技术，实现模型构建与融合、数据集成、仿真分析、

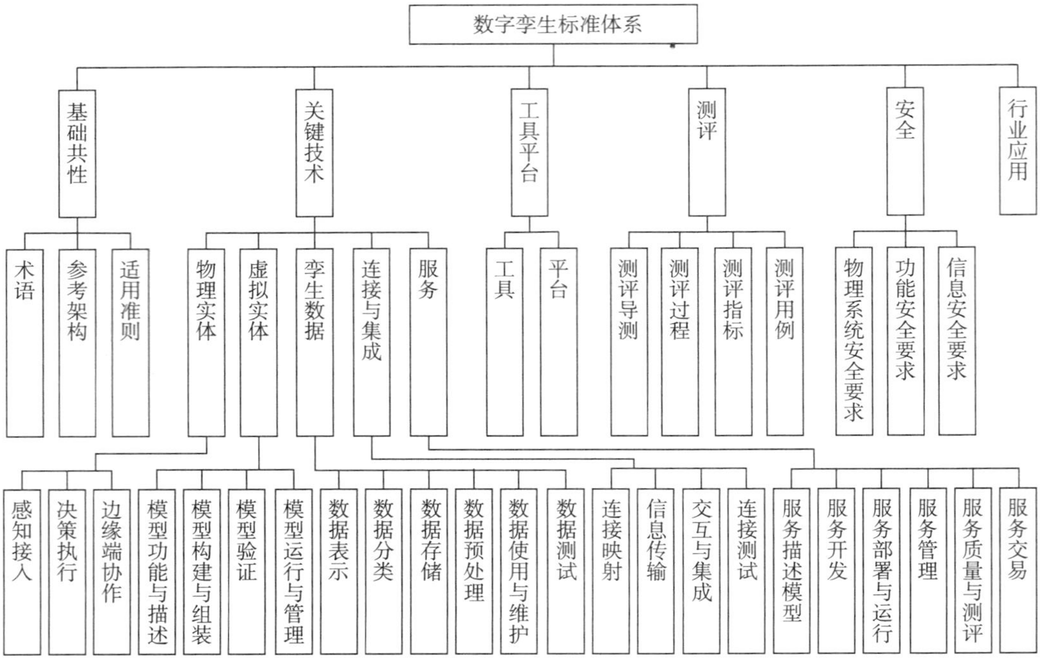

图 5.1　数字孪生标准体系结构

系统扩展等功能，是生成孪生体并拓展应用的主要载体；三是用户实体，主要以可视化技术和虚拟现实技术为主，承担人机交互的职能；四是跨域实体，承担各实体层级之间的数据互通和安全保障职能。数字孪生技术架构如图 5.2 所示。

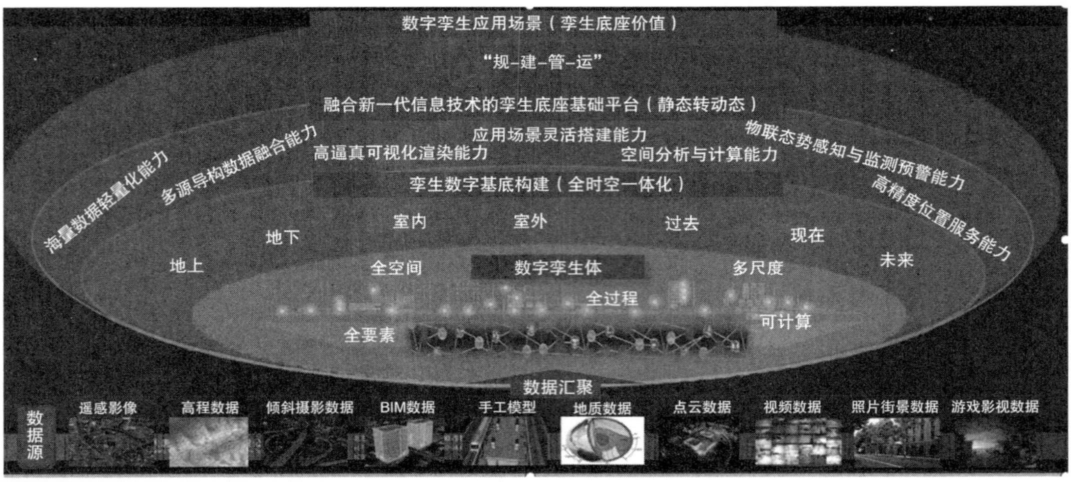

图 5.2　数字孪生技术架构

2. 基础技术

1）感知

感知是数字孪生体系架构中的底层基础。在一个完备的数字孪生系统中，对运行环境和数字孪生组成部件自身状态数据的获取，是实现物理对象与其数字孪生系统间全要素、全业务、全流程精准映射与实时交互的重要一环。因此，数字孪生体系对感知技术提出更高要求。

为了建立全域全时段的物联感知体系，并实现物理对象运行态势的多维度、多层次精准监测，感知技术不但需要更精确可靠的物理测量技术，还需考虑感知数据间的协同交互，明确物体在全域的空间位置及唯一标识，并确保设备可信可控。

2）数字孪生全域标识

数字孪生全域标识能够为物理对象赋予数字“身份信息”，支撑孪生映射。标识技术能够为各类城市部件、物体赋予独一无二的数字化身份编码，从而确保现实世界中的每一个物理实体都能与孪生空间中的数字虚体精准映射、一一对应，物理实体的任何状态变化都能同步反映在数字孪生体中，对数字孪生体的任何操控都能实时影响到对应的物理实体，也便于物理实体之间跨域、跨系统的互通和共享。同时，数字孪生全域标识是数字孪生中各物理对象及其数字孪生在信息模型平台中的唯一身份标识，数字孪生全域标识可实现数字孪生资产数据库的物体快速索引、定位及关联信息加载。

3）智能化技术

随着行业应用场景的不断拓展，传统传感器已无法满足数字孪生对数据精度、一致性、多功能性的需求。而智能化传感器是将传感器获取信息的基本功能与专用微处理器的信息分析、自校准、功耗管理、数据处理等功能紧密结合在一起，具备传统传感器不具备的自动校零、漂移补偿、传感单元过载防护、数据采集模式转换、数据存储、数据分析等能力，其能力决定了智能化传感器具备较高的精度、分辨率、稳定性及可靠性，使其在数字孪生体系中不但可以作为数据采集的端口，更可以自发地上报自身的信息状态，构建感知节点的数字孪生。

4）多传感器融合技术

由于单一传感器不可避免地存在不确定或偶然不确定性，缺乏全面性、稳健性，所以偶然的微小故障就会导致系统失效。多传感器集成与融合技术通过部署多个不同类型传感器对对象进行感知，在收集观测目标多个维度的数据后，对这些数据进行特征提取的变换，提取代表观测数据的特征矢量，利用聚类算法、自适应神经网络等模式识别算法将特征矢量变换成目标属性，并将各传感器关于目标的说明数据按同一目标进行分组、关联，最终利用融合算法将目标的各传感器数据进行合成，得到该目标的一致性解释与描述。多传感器数据融合不仅可以描述同一环境特征的多个冗余信息，而且可以描述不同的环境特征，极大地增强了感知的冗余性、互补性、实时性和低成本性。

5）网络

网络是数字孪生体系架构的基础设施。在数字孪生系统中，网络可以对物理运行环境和数字孪生组成部件的自身信息交互进行实时传输，是实现物理对象与其数字孪生系统间实时交互、相互影响的前提。网络既可以为数字孪生系统的状态数据提供增强能力的传输基础，满足业务对超低时延、高可靠、精同步、高并发等关键特性的演进需求，也可以助推物理网络自身实现高效率创新，有效降低网络传输设施的部署成本，提高运营效率。

伴随物联网技术的兴起，通信模式不断更新，网络承载的业务类型、网络所服务的对象、连接到网络的设备类型等呈现出多样化发展，要求网络具有较高灵活性。同时，伴随移动网络深入楼宇、医院、商超、工业园区等场景，物理运行环境对确定性数据传输、广泛的设备信息采集、高速率数据上传、极限数量设备连接等需求愈加强烈，这也相应要求物理运行环境必须打破以前“黑盒”和“盲哑”的状态，让现场设备、机器和系统能够更加透明和智能。因此，数字孪生体系架构需要更加丰富和强大的网络接入技术，以实现物理网络的极简化和智慧化运维。

3. 关键技术

1)数字孪生建模

数字孪生建模是将物理世界的对象数字化和模型化的过程。通过建模将物理对象表达为计算机和网络所能识别的数字模型,对物理世界或问题的理解进行简化和模型化,如图 5.3 所示。数字孪生建模需要完成从多领域多学科角度模型融合以实现物理对象各领域特征的全面刻画,建模后的虚拟对象会表征实体对象的状态,模拟实体对象在现实环境中的行为,分析物理对象的未来发展趋势。建立物理对象的数字化建模技术是实现数字孪生的源头和核心技术,也是“数字化”阶段的核心。而模型实现方法研究主要涉及建模语言和模型开发工具等,关注如何从技术上实现数字孪生模型。在模型实现方法上,相关技术方法和工具呈多元化发展趋势。当前,数字孪生建模语言主要有 Modelica、AutomationML、UML、SysML 及 XML 等。一些模型采用通用建模工具如 CAD 等开发,更多模型的开发是基于专用建模工具如 FlexSim 和 Qfsm 等。

图 5.3 单体化建模

2)仿真技术

数字孪生体系中的仿真作为一种在线数字仿真技术,将包含确定性规律和完整机理的模型转化成软件的方式来模拟物理世界。只要模型正确,并拥有完整的输入信息和环境数据,就可以基本正确地反映物理世界的特性和参数,验证和确认对物理世界或问题理解的正确性和有效性。从仿真的视角,数字孪生技术中的仿真属于一种在线数字仿真技术,可以将数字孪生理解为:针对物理实体建立相对应的虚拟模型,并模拟物理实体在真实环境下的行为,如图 5.4 所示。与传统的仿真技术相比,数字孪生更强调物理系统和信息系统之间的虚实共融和实时交互,是贯穿全生命周期的高频次并不断循环迭代的仿真过程。因此仿真技术不再仅仅用于降低测试成本,而是通过打造数字孪生,将扩展到各个运营领域,甚至涵盖产品的健康管理、远程诊断、智能维护、共享服务等应用。基于数字孪生,可对物理对象通过模型进行分析、预测、诊断、训练等(即仿真),并将仿真结果反馈给物理对象,从而帮助对物理对象进行优化和决策。因此仿真技术是创建和运行数字孪生体、保证数字孪生体与对应物理实体实现有效闭环的核心技术。

图 5.4　虚拟仿真软件

5.2　数字孪生赋能智慧城市

城市系统作为一个复杂且庞大的系统，通过建立数字孪生城市，将庞大的系统进行统一的管理，能有效提高城市管理效率。随着社会的不断发展进步，城市化进程将越来越快，城市的规模将越来越大，在快速发展的过程中，城市的日常运行难免会遇到交通、排水给水、环境等方面的问题。若通过建立一个与现实物理城市并行的数字孪生虚拟城市，将城市的日常运行、规划建设、综合管理在虚拟城市中进行演化和分析，能大大提升城市管理效率，减少资源的浪费。基于此，数字孪生城市应运而生。

5.2.1　数字孪生城市概述

1. 数字孪生城市概念的兴起

在我国城市的快速发展过程中，存在大大小小的诸多问题，城市的现实状态也证实了传统的发展模式越来越不可取，构建以信息化、智能化、自动化为引擎的智慧城市已经成为城市发展的新理念和新模式。

中国智慧城市的建设从 2008 年开始进行概念的探索，至今已有十余年历史，整体发展历程可以分为四个主要阶段，如表 5.1 所示。

表 5.1　中国智慧城市发展历程

特点	阶段			
	2008—2012 年：概念导入期	2013—2015 年：试点探索期	2016—2019 年：统筹推进期	2020 年至今：数字孪生城市建设期
驱动力	行业应用驱动	新兴技术驱动	数据驱动	数据驱动
重点技术	无线通信、光纤宽带、万维网、地理空间技术等	射频识别、云计算、移动通信等	窄带物联网、5G 通信、大数据、人工智能、区块链等	窄带物联网、5G 通信、大数据、人工智能、区块链等
信息共享	单个系统、零散搭建、自发共享	横纵切割、以重点项目或应用共享信息	系统横纵联合、集成为主	城市大脑依职能共享
推进方式	企业引入概念、国外软件系统集成商	政府牵头设立试点项目或应用	政府指导、市场主导、政企合作	政府指导、市场主导、政企合作

1)2008—2012 年：概念导入期

概念导入期的中国智慧城市建设以行业应用为驱动，重点技术主要包括无线通信、光纤宽带、万维网等信息分发技术、地理空间技术(GIS、GNSS、RS)等，信息系统的建设以单个部门、单个系统的独立建设为主要方式，信息共享主要采用"点对点"的自发共享方式，形成了大量信息孤岛，导致信息交换不畅通。早期的产业力量较为单一，国外软件系统集成商引入概念后主导智慧城市产业发展。

2)2013—2015 年：试点探索期

中国智慧城市在试点探索期开始逐步走出具有自己特色的道路。在中国城镇化快速发展的大前提下，通过重点推进射频识别(RFID)、云计算、3G/4G 移动通信等信息技术的全面应用，系统建设呈现出横纵分割的特征，信息共享则通过共享交换平台重点分享重点项目或协同型应用。在推进方式上，由相关部委牵头，在全国选取了 290 个试点项目，广泛探索智慧城市建设路径和模式。

3)2016—2019 年：统筹推进期

2016 年，国家提出建设以数据为驱动，以人为本、统筹集约、注重实效的新型智慧城市，利用窄带物联网(NB-IoT)、第五代通信(5G)、大数据、人工智能、区块链等新兴技术，以智慧城市平台为支撑，打造信息系统向横纵联合大系统的方向演变，打破长久以来的信息孤岛和数据分割。在推进方式上，由 25 个国家部委全面指导和统筹，在市场方面由软件制造商、电信运营商、系统集成商、互联网企业共同协作，逐步形成政府指导、市场主导、政企合作的格局。

4)2020 年至今：数字孪生城市建设期

随着新兴信息技术的不断发展与成熟，新型智慧城市建设在城市精准治理，打造宜居生态环境等方面表现良好，但是仍面临缺少整体设计方案、数据孤岛、信息不互通、未能联合市场多元参与等多种挑战。急需一种符合新型智慧城市建设目标，集成多种数据资源和信息技术的统筹集约式发展方案。数字孪生城市是新型智慧城市建设的最佳解决方案。数字孪生城市也以数据作为驱动，综合利用多种信息技术，以提升居民生活环境，优化城市综合管理水平，践行了新型智慧城市以人为本、统筹集约的建设目标。同时，数字孪生城市平台化、一体化的建设思路解决了新型智慧城市遇到的缺乏顶层设计、信息孤岛、行业壁垒状况，为新型智慧城市的建设提供了一种实践路径。

数字孪生城市具备物联感知、数据融合、空间分析等九项核心能力，体现了数字孪生城市智能干预、软件定义、虚实交互、精准映射的基本特征，符合新型智慧城市建设要点。数字孪生城市模型平台的建立应综合利用多种信息技术，将多源数据融合交互并以可视化的方式呈现出来，在城市真实数据作为驱动因素下，通过统筹资源、集约发展的具体建设方案，将各个部门、行业汇集在同一平台上，实现信息的共享和高效传递，帮助城市精准管控，切实提高居民生活水平。

2. 数字孪生城市概念

数字孪生城市是数字孪生技术在城市建设、规划与行业发展等多方面的广泛应用，通过在网络空间中构建与现实物理世界一一对应、相互映射、协同交互的虚拟世界，再造一个与现实匹配、对应的孪生城市，实现城市全要素数字化和虚拟化、城市全状态实时化和可视化、城市管理决策协同化和智能化。

数字孪生城市的本质是现实物理城市在虚拟网络空间的仿生，也是支撑新型智慧城市建设的复杂综合技术体系,更是物理维度上的实体城市和信息维度上的虚拟城市的同生共存、虚实交融的未来发展形态。

3. 数字孪生城市建设背景

一是政策导向层面。国家将数字化作为推动经济社会发展的重要战略手段,《中华人民共和国国民经济和社会发展第十四个五年规划和2035年远景目标纲要》明确:探索建设数字孪生城市,推进城市数据大脑建设,加快数字化发展,建设数字中国。同时住房和城乡建设部、国家发展和改革委员会、自然资源部、工业和信息化部、国家互联网信息办公室等均发布相关政策,鼓励数字孪生城市的发展。

二是企业支撑层面。数字孪生城市理念提出后受到政府和产业界的高度关注和认同,各地对数字孪生城市规划和建设的需求非常强烈,企业纷纷入局数字孪生城市建设,包括运营商、集成商、互联网企业、大数据厂商、硬件厂商等,集结各领域优秀企业,共同建设数字孪生城市。

三是城市建设需求。新冠病毒感染疫情、洪涝灾害等突发事件充分暴露出我国城市治理还存在诸多短板和弱项,包括城市风险预警预测滞后、突发事件应急响应迟钝、资源统筹协调能力不足等,将全周期管理意识落实到城市治理的具体实践中还有很多现实困难,需要解决目前还存在的技术应用割裂、数据碎片化分布、治理协同难以达成等问题。如何通过数字孪生技术,构建韧性城市,是当前亟须解决的问题。

4. 数字孪生城市运行机理

数字孪生城市技术以多种信息获取、信息传输技术体系为数据支撑,构建核心平台——数字孪生城市模型平台,在此基础上结合多个行业进行综合性应用。数字孪生城市技术体系十分复杂,几乎融合了现有所有数据获取、数据传输、数据处理、数据管理手段。

数字孪生城市技术架构主要由三部分构成:基础设施端、信息中枢端和应用服务端。通过物理城市进行数据的获取、传输和处理,从而实现数字城市可视化呈现,最终进行城市综合性智能管理应用。数字孪生城市的构建核心是高精度、高耦合、多数据源的数字孪生城市模型平台,该平台在城市信息模型(CIM)的基础上将智能感知的城市数据(传感器、摄像头、智能终端等数据)实时反映到三维城市模型上,如图5.5所示。

数字孪生城市运行以实时映射、虚实操控为重点。通过多种复杂综合的技术体系,数字孪生城市建立能实时感知物理城市运行状态的数字城市模型。利用城市及数据闭环赋能体系,在精准感知城市运行状态和实时分析的基础上,模拟科学决策,智能精准执行,利用数字城市反向操控物理城市,实现城市的模拟、监控、诊断和管理,降低城市的复杂性和不确定性,提升优化城市规划、设计、建设、管理、服务等过程,如图5.6所示。

数字孪生城市强调全域感知和实时交互,这也是与传统城市三维模型的不同之处。在精准感知、分析现实城市一段时间内的运行状态的基础上,依靠大数据算法、人工智能等技术手段制定符合城市情况的管理政策。

数字孪生城市通过多个角度为城市的综合管理提供支持。数字孪生城市融合了多种新型技术,以一体化平台的思想打破技术孤岛,赋予物理城市全域感知、信息交互、精准管控等功能,整体提升城市综合运行水平。

5. 数字孪生城市的价值

数字孪生城市的核心价值在于:基于高度集成的多源数据闭环赋能体系,生成城市全生

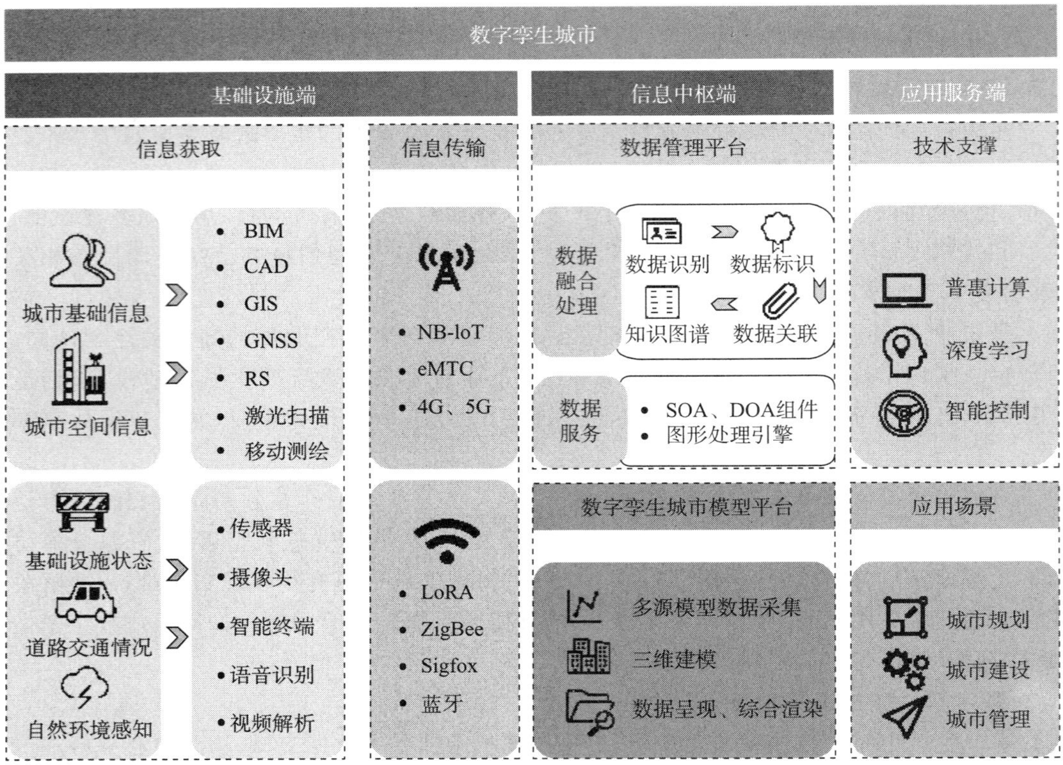

图 5.5 数字孪生城市技术架构

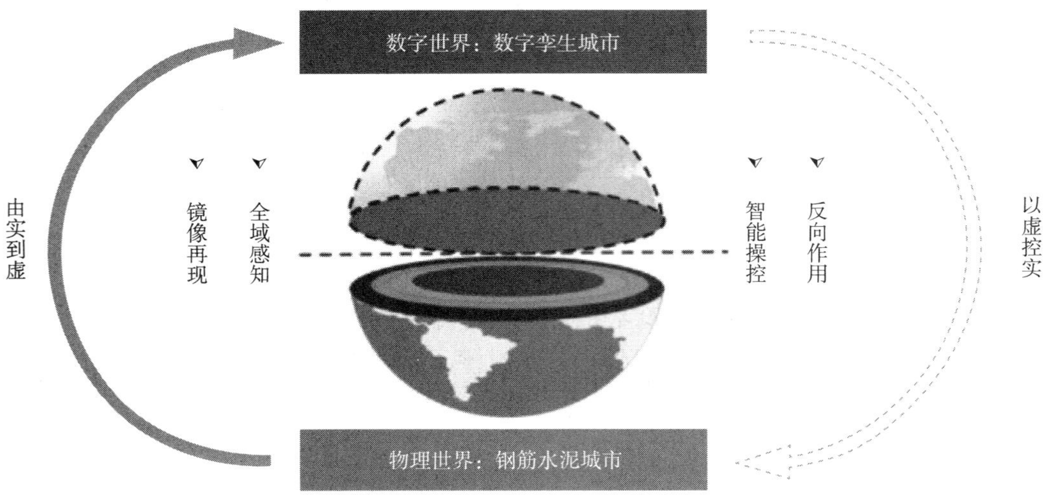

图 5.6 数字孪生城市运行机理(来源：亿欧智库)

命周期全域数字虚拟空间，并利用数字化仿真、虚拟化交互、积木式组装拼接，形成软件定义城市、数据驱动决策、虚实充分融合交织的数字孪生城市，使得城市运行、管理、服务由实入虚，可以在虚拟空间进行建模、仿真、演化、操控，同时由虚入实，借此改变、促进物理空间中城市资源要素的优化配置，开辟新型智慧城市的建设和治理新模式。

1)促进多源数据融合互通

数字孪生城市的建立需要以海量的多源异构数据为基础，其中包含由地理矢量数据、栅格数据、点云数据、模型数据、全景数据等为主的基础数据，以及城市多方面业务涉及的专题数据(专题图、文件资料、音视频资料)，形成可复用的、庞大的数字孪生城市数据库，有效地解决数据不完整、数据碎片化、格式不统一、数据孤岛等问题，以数据为驱动，为城市的运行提供基础。

2)建设城市管理体系

对于城市的管理，无论是零起步建设的城市或者是已经形成一定规模的大城市，建立起全生命周期的城市管理体系，都能够使城市后续的规划建设少走弯路、不留遗憾。规范完善的数字孪生城市管理体系能大大提升城市规划建设的效率和质量，大幅降低时间、人工及物料成本。通过构建城市建设、管理、规划、运营的全生命周期管理体系，实现城市全要素的静态场景的管理，实现物理城市-虚拟城市同步更新，多精度场景贴近现实，实现数据驱动静态场景、动态场景，映射现实世界，形成有效的城市管理体系。

3)打造新型城市建设模式

数字孪生城市是一个知识集成、技术集成、数据集成、算法集成、工具集成、应用集成的复杂系统，因此必须有强有力的产业生态紧密协作，对零散的应用平台进行集成和升级，通过政府、企业、社会合作构建产业生态，打造集约化平台，用科技产业发展带动技术进步，推动整个社会参与城市治理服务、数字经济发展，实现公共资源高效调配、城市事件精准处置。

4)优化城市治理方案

城市治理的主要理念在于虚实结合，数字城市与物理城市两个主体虚实互动，孪生并行，以虚控实。通过物联网的感知和泛在网络实现由实入虚，再通过科学决策和智能控制由虚入实，实现对物理城市的最优管理。优化后的物理城市再通过物联感知和泛在网络实现由实入虚，数字城市仿真决策后再一次由虚入实，这样在虚拟世界仿真，在现实世界执行，虚实迭代，持续优化，逐步形成深度学习自我优化的内生发展模式，大大提升城市的治理能力和水平。此外在数字孪生模式下，通过数字空间的信息关联，可增进现实世界的实体交互，实现情景交融式服务。

5.2.2　数字孪生城市关键技术

1. 多源数据融合技术

数字孪生城市需要以海量的多源异构数据作为支撑，包括基础地理信息数据、模型数据、点云数据、行业专题数据、公共专题数据、互联网数据等海量异构多维时空数据为数据源，利用机器学习、深度学习算法，对时空大数据进行自动识别、数据挖掘及三维重建，能够为数据赋予空间特性，构建涵盖地上地下、室内室外、动静结合的全息、高清的数字空间，如图5.7所示。同时，构建时空数据库，为数据设计统一的定义、存储、索引及服务机制，形成海量的数据集、分布式集群管理，实现数据统一接入、交换和高效共享，构建全要素数据体系，为城市提供完整统一的三维数字底座。数字孪生系统包含全要素场景衍生数据[数字高程模型、数字正射影像、数字线划图、倾斜模型、建筑信息模型(building information model, BIM)、激光点云数据、人工模型等]、行业专题数据(城市、交通、医疗、航空、码头、工地、能源、生态、水务等)、物联感知数据(由传感器、智能手机、可穿戴设备等获取)等多种数据。

图 5.7　大场景管理

2. 多尺度建模技术

以不同的应用场景和应用需求为导向，城市模型的建设往往基于不同的精度标准建设大规模城市及部分精细化场景，从而实现大规模环境下的多尺度建模。多尺度建模技术融合倾斜摄影测量、激光点云数据（用机载、车载、架站、背包等方式采集）、基础地理信息数据及其他业务数据，通过匹配不同尺度与不同颗粒度数据，生成多尺度数据融合标准，再以此标准为依据，自定义不同层级呈现的数据主题，完成人、事、地、物全要素的多尺度建模，实现物理空间与数字空间的分层次映射。同时基于深度学习技术，对点云进行语义分割，进行多种场景下的地物分类、事件相关元素及事件间的关系抽取，再进一步做单体的语义化建模，形成三维语义模型，将模型赋予属性。

图 5.8　单体化粗模

图 5.8 为单体化粗模，图 5.9 为高精度倾斜模型，图 5.10 为软件动态观看场景。

图 5.9　高精度倾斜模型

图 5.10　UE4 软件场景展示

3. 三维场景高效可视化技术

三维场景高效可视化技术是基于游戏引擎、三维地理信息系统、混合现实等多种技术，多层次实时渲染三维场景，从宏观的城市场景到精细局部的细微结构，均支持三维场景的全域漫游，实现对空间地理数据的三维可视化表达，对物理场景进行一比一还原，实现地上地下一体化。

地上地下一体化基于侧面剖切和地形挖开的方式，对地下空间进行展示浏览的可视化功能，支持将地下地质模型、水体模型等上升到地表独立进行可视化查看，使地上地下三维场景既可以一体化展示，也可以独立化展示。室内室外一体化基于游戏引擎的流式关卡加载技术，快速高效地实现由室外至室内的一体化浏览，如图 5.11 所示。

图 5.11　地上地下数据融合展示

5.2.3　数字孪生城市应用场景

1. 城市规划建设

通过对城市物理空间中的地形、建筑、基础设施等对象进行数字化表达，并以三维场景为底座关联城市中各类社会经济专题数据和物联感知设备的监测数据，为城市规划和建设提供有机综合平台，实现城市规划建设工作的数据化、信息化和流程化。

通过在城市信息模型上虚拟仿真和模拟规划，可以提前验证规划方案的可靠性和合理性，在规划早期阶段对城市规划方案进行选择和验证，以最低的成本对城市规划进行定性和定量的分析和评估，实现对城市开发建设的规划、设计、施工、运维和管理的综合管控，保证城市规划方案实现土地综合效益的优化，如图 5.12 所示。建立基于物联网大数据的城市空间态势感知及全时、全域监管与决策支持信息化机制，提供辅助综合监管、形势分析预判和宏观决策的数字孪生城市体系，有效支撑城市空间的规划编制、核查、审批、实施、监测、评估、预警全过程。

图 5.12 建筑规划选址

2. **城市交通管理**

基于数字孪生城市的大场景空间，结合通过各种传感器采集得到的交通信息和高精度地图，对城市的交通情况进行三维模型构建和数字虚拟仿真，从而实现对城市路网进行分析、评价和优化，以更好地解决城市道路的交通问题。在数字孪生虚拟世界中根据交通规则和人、车的行为特征，推演交通流的变化情况，对交通管理形成科学预判。宏观上，数字孪生城市可以做到交通情况实时感知、交通流量统计、红绿灯动态配时、路口拥堵报警等功能，通过将城市中的物理基础设施、信息基础设施、社会基础设施和商业基础设施连接起来，对数据进行收集、清洗、存储和标准化，基于融合数据建模实现城市交通的智能预测和决策，赋能智慧交通、智慧城市。微观上，数字孪生可实现交通情况的监控和报警，为驾驶车辆提供道路基础设施静态信息及运营动态信息，保障和提升驾驶汽车的安全性，如图 5.13 所示。

图 5.13 数字孪生技术用于城市交通管理

3. 智慧管网管理

以数字孪生城市的三维场景为数据基础，结合行业最新国家标准和规范，采用测绘地理信息、三维仿真、物联网、人工智能等先进技术手段获取管网数据，研发覆盖地下管网数据采集、数据管理、数据共享、监测预警、综合管理、业务审批全生命周期的智慧管网模块，可精确定位地下各类管线，并对管线信息实时分析及三维展示，为地下管网的统筹利用、科学布局及管线占用审批等工作提供快速、准确、直观的决策参考。智慧管网模块可为城市规划、建设、决策部门和权属单位提供高精度、动态实时的地下管线设施数据，提供智能化、精细化、便捷化的地下管网监控和管理服务，维护地下公用设施，保障居民安全和城市正常运行，如图 5.14 所示。

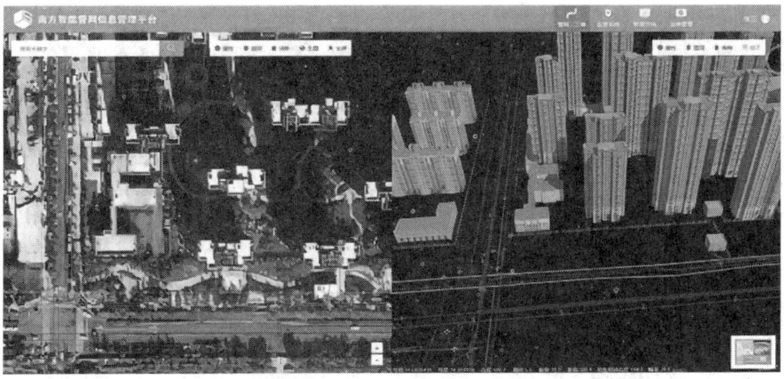

图 5.14　二维三维管网展示

4. 智慧水务管理

受全球气候变化影响，各种极端天气对社会管理、城市运行和人民群众生产生活造成了巨大影响，加之部分城市排水防涝等基础设施建设滞后、调蓄雨洪和应急管理能力不足，出现了严重的暴雨内涝灾害。通过数字孪生城市结合排水管网基础数据(雨水管道、污水管道、泵站、污水厂、排水接户井、河道排放口、低洼积水点位置信息等各类静态排水设施的地理空间、基础信息和其他属性数据；水位与流量监测仪、视频摄像头等排水设备的基本信息、参数、地理空间信息和其他属性数据)，可以通过模拟天气变化、滑坡、洪涝、泥石流等灾害的变化趋势，加强城市排水防涝设施建设，完善城市排水防涝设施建设规划，完成排水管网的雨污分流改造，建成较为完善的城市排水防涝工程体系，如图 5.15 所示，有效地保障人民群众的生命财产安全，提高城市防灾减灾能力和安全保障水平。

图 5.15　航道管理平台

5. 智慧消防管理

结合互联网技术、数字通信技术、移动定位技术，收集数字化的地理信息、建筑消防设施、灭火及抢险救援应急预案、消防水源及消防装备等方面的内容，以数字孪生城市系统中三维场景数据为基础，实现智慧消防三维可视化，并在系统平台上及时预警、分析并将指令反馈给相关部门，实现对整个城市的消防安全进行检测、火灾预警、指挥调度，提升整个城市的火灾防控能力、灭火及抢险应急调度指挥能力，同时提高消防救援队伍灭火救援能力及防火监督检查管理水平，全面促进信息化与消防业务工作的深度融合，达到泛在感知、协同管理、研判预警、应急指挥的目的。图 5.16 是一个智慧消防管理系统界面。

图 5.16 智慧消防管理系统界面

6. 智慧城管

智慧城管系统在三维场景的基础上展示城市管理总览、环卫、视频三大模块的核心指标：总览模块展示市容整治、建筑违章违建执法、燃气管理、渣土管理、环卫与垃圾分类、户外广告、突发事件七个主题核心指标；环卫模块呈现从垃圾投放、垃圾运输、垃圾处理全生命周期过程，并在展示的基础上进行决策分析；视频模块将视频监控与三维地理信息数据叠加融合，并实现视频数据的空间分析。

利用三维渲染软件，实现场景对象的高品质实时渲染，包括采用光线追踪技术的真实反射效果、动态柔和阴影、环境光遮蔽等，针对实际应用可定制、可扩展。因此结合城市管理的业务需求和数据展示要求，采用 LOD 层级、视锥体剔除、动态裁切、纹理压缩、并行计算、实例化渲染、数据传输节流等方法优化空间数据可视化渲染机制，优化数据组织、数据加载、数据渲染等性能，全面提升海量三维数据的高效加载和实时渲染能力，实现海量、多源数据的快速渲染，海量三维数据的高性能加载，提供流畅的线上三维可视化体验。智慧城管系统如图 5.17 所示。

7. 新一代国家交通控制网和智慧公路

新一代国家交通控制网和智慧公路充分利用三维实景地图、北斗高精度定位等新技术，构建一套集数字化资产、网络化感知、智能化管理和服务于一体的普通干线公路网智慧公路体系。围绕数字化资产管理，有效提高计划统计、建设管理、养护管理、运行管理、路政管理、安全监督、应急处置等全生命周期路网管理水平，实现系统建设贴合业务管理，构建“有活力的系统”,提供“贴合、贴切、贴心、贴身”的系统服务,如图 5.18 所示。

图 5.17　智慧城管系统

图 5.18　公路道路资产数字化平台

思考题

一、选择题(单选)

1. 2008—2012 年属于数字孪生的(　　)。

　A. 概念导入期　　　　B. 试点探索期

　C. 统筹推进期　　　　D. 数字孪生城市建设期

2. 数字孪生城市的构建核心是(　　)的数字孪生城市模型平台。

　A. 高精度、高耦合、多数据源　　　　B. 高耦合、多数据源

　C. 多视角　　　　D. 以上都是

3. 数字孪生城市建设背景有(　　)。

A. 政策导向层面　　　　B. 企业支撑层面

C. 城市建设需求　　　　D. 以上都是

二、简答题

1. 以自己的理解阐述数字孪生的概念。

2. 一个完整的数字孪生系统包含哪几个实体层级?

3. 支持数字孪生构建的基础技术有哪些?

第 6 章　新型基础测绘与实景三维中国建设

基础测绘成果作为国家空间地理信息数据基础设施的重要组成部分，是经济建设、国防建设、社会发展和生态保护中不可或缺的基础性和战略性信息资源。

新时代下，测绘管理格局发生了重大变化，基础测绘管理面临新的形势。测绘地理信息在进一步为经济建设、国防建设和社会发展提供基础性、公益性测绘服务的同时，还需要服务好生态文明建设，融入自然资源“两统一”* 管理体系。

2019 年 1 月，全国自然资源工作会议讲话中明确提出：“加快基础测绘转型升级，增强测绘地理信息公共服务能力，促进地理信息产业高质量发展。”

6.1　新型基础测绘概述

6.1.1　基础测绘

根据《中华人民共和国测绘法》中的定义，基础测绘是指“建立全国统一的测绘基准和测绘系统，进行基础航空摄影，获取基础地理信息的遥感资料，测制和更新国家基本比例尺地图、影像图和数字化产品，建立、更新基础地理信息系统”，具有公益性和基础性，国家对其实行分级管理。

我国基础测绘经过几代人几十年的努力，取得了长足的发展、成就辉煌，为国民经济和国防建设提供了强有力的服务保障，建设了国家测绘基准、基础测绘成果、基础数据体系。虽然我国基础测绘起步较晚，但是经过测绘工作者的努力，我国基础测绘完成了由小到大、由弱变强的宏伟蜕变。

6.1.2　新型基础测绘建设背景

随着全球化进程加快和区域协同快速发展，各政府部门、企事业单位和社会公众对测绘地理信息的需求日益旺盛。特别是 2018 年机构改革以来，测绘在体制与机制上发生了重大变革。基础测绘中分级测绘管理、分尺度建库、内外业割裂、更新周期漫长、产品样式固定等短板日益凸显，已难以满足新的应用需求，亟须对基础测绘体系进行更新。

2015 年 6 月，国务院批复同意《全国基础测绘中长期规划纲要（2015—2030 年）》；2016 年 1 月，《测绘地理信息事业“十三五”规划》中进一步细化了测绘地理信息公益性生产服务业务形态，确立了包含新型基础测绘在内的五大业务格局。2018 年 3 月，根据国务院机构改革方案，原国家测绘地理信息局的职能全部融入自然资源部，测绘在体制与机制上发生了重大变革。测绘的服务模式已由原来面向全社会的“普适性服务”，转化为“围绕中心、全面服务”的方式。

---

* 中国共产党十九届三中全会审议通过的《深化党和国家机构改革方案》提出组建自然资源部，统一行使全民所有自然资源资产所有者职责，统一行使所有国土空间用途管制和生态保护修复职责。

2019 年 2 月，全国国土测绘工作座谈会提出，大力加强新型基础测绘体系建设，进一步提升基础测绘核心供给能力，切实为自然资源管理“两统一”职责履行提供测绘支撑。

开展新型基础测绘建设的三大导向是：

(1)目标导向。《国务院关于全国基础测绘中长期规划纲要(2015—2030 年)的批复》(国函〔2015〕92 号)提出“到 2030 年，全面建成新型基础测绘体系”，要求“全面提升测绘地理信息服务能力”，“形成以基础地理信息获取立体化实时化，处理自动化智能化，服务网络化社会化为特征的信息化测绘体系”。该批复中明确了对新型基础测绘体系的实施要求。

(2)需求导向。按照自然资源“两统一”职责的要求，基础测绘要在生态文明建设、国土空间开发治理、国土空间规划等方面形成更有效的基础支撑，适应智慧城市建设、社会精细化治理的新需求。为推进基础测绘工作可持续发展，要在思想理念、职责定位、组织结构、力量布局、技术架构、产品结构、服务模式方面实现变革和创新。

(3)问题导向。一是共享不畅，现行基础测绘成果实行分级管理，各级之间数据和信息难以共享，容易形成信息孤岛和数据烟囱；二是开放不够，基础测绘成果是进行保密管理的，多年来形成的数据标准、生产规范等不易与新的信息技术融合；三是协同不足，基础测绘数据实行按比例尺多尺度分级，国家、省、市、县各级统筹不够，进行重复测绘，并且难以协同更新。

6.1.3 新型基础测绘的概念

新型基础测绘是对基础测绘的继承和发展，是在保持基础测绘基础性和公益性不变的前提下，从建设内容、产品形式、服务模式、管理方式、技术手段等方面进行探索创新，形成以基础地理信息获取立体化实时化、处理自动化智能化、服务网络化社会化为特征的信息化测绘体系，并且在实践中不断总结，逐步形成高效的生产、管理、服务体系。

新时期面向基础测绘的新任务和新需求，应在保持基础测绘公益性要求前提下，以重新定义基础测绘成果模式作为核心和切入点，带动技术体系、生产组织体系和政策标准体系全面升级转型。

新型基础测绘的“新”主要体现在建设创新、管理创新和应用创新上。

(1)建设创新。在建设内容上，构建海、陆、空一体的现代化基准体系，完善覆盖更全面、内容更丰富、分类更具体的基础地理信息数据库；在建设手段上，按照全息化采集、智能化处理的要求，提升基础测绘生产作业效率；在建设成果上，从基础数据提供者向融合数据分析、挖掘和决策支持的高端供给角色转变，丰富产品形式，提升基础地理信息产品内在价值。

(2)管理创新。从纵向上，统筹协调分级管理体制，按照一个地理实体只测一次的总体要求，分级投入、协同联动，构建“事权明晰、分级联动”的组织管理模式；从横向上，推动新型基础测绘成果分布式存储和跨部门集约利用，构建“统筹协调、共建共享”的新型基础测绘组织管理模式；按照军民融合发展需求，加强统筹规划、需求对接和保密管理，将新型基础测绘建设与新时代国防安全建设有机结合起来。

(3)应用创新。在新型基础测绘成果应用方面，一方面要继续满足传统的国土规划、城市建设等方面的需求，另一方面要满足新时代自然资源管理“两统一”、生态环境修复等方面的新需求。新时代背景下社会各界、公众，在成果种类、成果质量、成果应用方面都有更为广泛的现实需求，将进一步推动新型基础测绘成果应用创新。

6.2　新型基础测绘体系建设思路

6.2.1　建设内容

新型基础测绘体系建设是基础测绘的转型升级和创新发展，以需求、问题和目标三大导向为基础，结合自然资源管理和各个行业高质量发展需求，以基础测绘产品体系升级改造为引领，带动技术体系、生产组织管理体系和政策标准体系的全面重构，建立以地理实体为核心的"一库多能、按需组装、定制服务"的基础地理实体数据库，实现基础测绘体系的转型升级，全面构建实景三维中国。

新型基础测绘目前处于试点阶段，各地会根据实际情况（资金、已有数据、需求）组织细化建设的内容。

1. 新型基础测绘产品体系

新型基础测绘产品体系的创新升级是实现新型基础测绘体系"一库多能、按需组装、定制服务"建设目标的主线，是体现基础测绘服务能力和水平的直接表现。

新型基础测绘标准化产品包括"地理实体数据"和"地理场景数据"，两者共同组成地理实体数据库。在地理实体数据库的基础上，按需组装和派生不同行业应用需求的行业应用产品和 4E 标准化产品（组合聚合实体集、无级化地图、地形级实景三维、城市级实景三维）。新型基础测绘产品体系如图 6.1 所示。

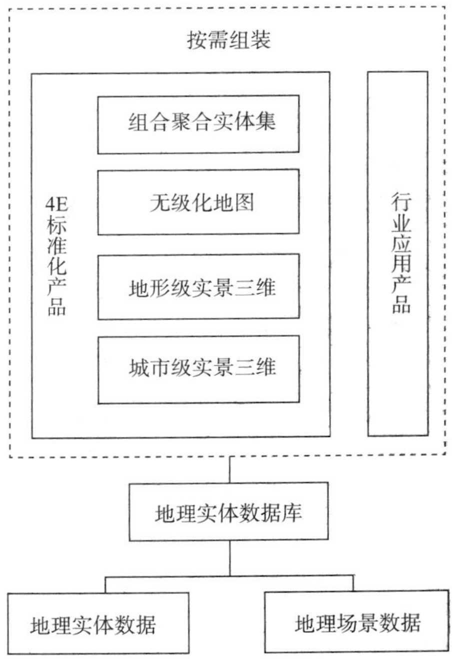

图 6.1　新型基础测绘产品体系

地理实体数据是现实世界中占据一定空间位置、具有同一独立的语义属性或功能的自然地物和人文设施。从空间形态角度，地理实体可以分为地理单实体、地理组合实体和地理聚合实体。从产品应用角度，地理实体可以划分为地理基本实体与地理扩展实体。基础地理实体作为新型基础测绘产品体系的核心，围绕"两支撑、一提升"，按照"实体化、时序化、人机兼容理解"等要求，在充分考虑原有成果利用的基础上，结合对地观测技术的最新发展及基础地理实体自身特点，确定基础地理实体的分类、粒度和精度。

地理场景数据是指一定区域范围内连续成片地反映现实世界原始地理空间位置、形态和拓扑关系等信息的基础测绘产品。地理场景数据主要作为底图使用，能够形象、直观地反映区域范围内地理空间分布形态和地物间相互位置关系，为用户提供生动形象的可视化效果，主要包括倾斜三维模型、可量测实景影像街景、视频流全景地图、激光点云等新型测绘产品，还包括 DRG（数字栅格地图）、DEM（数字高程模型）、DOM（数字正射影像，包括航空影像和卫星影像等）和 DSM（数字表面模型）等传统测绘产品，以及 DEM 或 DSM 叠加融合 DOM 得到的衍生产品。

2. 技术体系

技术体系建设是新型基础测绘转型升级的具体手段。在智能测绘时代，围绕地理信息的获取、处理、集成和服务等环节，开展海量数据处理的分布式、快速化、自动化和智能化生产技术革新，加强测绘生产技术手段与人工智能、物联网、大数据、云计算等工业互联网新兴技术的交叉融合，为新型基础测绘提供有效可靠的技术支撑。

3. 生产组织管理体系

生产组织管理体系的转型升级是新型基础测绘体系建设的保障。生产组织管理体系的建设以“一个地理实体只测一次”为目标，旨在解决传统基础测绘生产、组织、管理各个环节存在的统筹不足、重复测绘、更新周期长、生产低效等问题，突破依比例尺开展的传统生产分工与职责划分模式。

4. 政策标准体系

政策标准体系建设是新型基础测绘体系构建的重要组成部分，是基础测绘生产、管理和测绘产品服务的重要支撑，为测绘地理信息事业转型升级和有序发展提供保障。

6.2.2 关键技术

新型基础测绘产品体系的构建需要创新型的技术体系作为支撑。这个新的技术体系包括倾斜摄影、三维实景建模、智能分析、分布式存储、云架构、地形级三维可视化编辑等新技术，主要涉及模型设计、数据生产、实体语义化、数据融合、数据更新五个方面的关键技术。

1. 实体模型设计与构建

参照原有基础地理信息数据八大要素和自然资源管理对象——山水林田湖草沙，初步建立地理实体科学合理的分类体系，并兼顾实体所属区域特点(如城市化地区、农产品生产区、生态功能区)和实体类别特点(如水系等自然要素、交通等人工要素)，设计合理的粒度和施测精度。以图形数据库理念设计二维实体模型，通过对实体属性的赋权，实现“一码多态”。通过定义实体组合、聚合规则，以实现二维实体灵活定制与按需组装。

2. 实体数据自动化转换和生产

研究自然资源现状数据与二维实体数据在分类代码、属性、采集方法等方面的关系，并基于相互之间的联系建立自然资源现状数据向二维实体库转换的知识图谱，建立自动化转换关键技术，构建生产工艺流程。根据二维实体数据分类编码体系和管理要求，研发相应的工具，实现部分数据属性填写、赋码、入库的自动化，提高二维实体数据生产自动化程度。建立二维实体库成果更新维护系统，保证数据成果图形与属性现势性。

3. 基础地理实体语义化技术

建立各类地理实体之间关系的语义描述规则及要求，在对地理实体空间结构等信息进行语义化描述的基础上，自动化拓展关联业务管理属性及与其他地理实体的关联关系，确保地理实体自身特征及相关实体间关系的准确描述。

4. 基于地理实体的数据融合

依据实体产品设计和采集要求，以几何精度与语义属性并重的理念，对已有数据进行实体化转绘，如 1∶10 000 数字线划图的水系、主要道路等。对新增变化部分通过实体测绘获取地物的矢量和三维模型数据，并结合调查充实实体的地名地址和基本属性，完成多源数据编码实体化，解决不同数据源、场景之间的空间关系冲突，实现以地理实体为核心的现状数据融合，逐步形成一套基础地理实体数据，实现一数一源，解决数据重复的问题。

5. 数据更新与联动维护

基于实体产品设计和采集要求，研发新型基础测绘数据生产与更新软件。原则上，软件布设为“一个服务端＋多个客户端”的形式，主要技术包括分布式存储、云架构等；支持服务器内外部资源有效结合，辅助多人局域网内同库编辑，共同完成实体数据生产、更新；支持数据可视化环境下边采集、边融合，使团队成员之间即时、高效地协同工作，高效采集数据的同时，实现数据集成管理。

6.3　实景三维中国概述

6.3.1　实景三维

实景三维是对人类生产、生活和生态空间进行真实、立体、时序化反映和表达的数字虚拟空间，是新型基础测绘标准化产品，是国家新型基础设施建设的重要组成部分，为经济社会发展和各部门信息化提供统一的空间基底。实景三维通过在三维地理场景上承载结构化、语义化、支持人机兼容理解和物联实时感知的地理实体进行构建。按照表达内容通常分为地形级、城市级和部件级。

6.3.2　实景三维中国与新型基础测绘

新型基础测绘、实景三维中国、时空大数据平台三者之间具有如下的关系和建设逻辑。

新型基础测绘是要构建能力基础，实景三维中国是要构建数据基础，时空大数据平台是要构建服务基础。所以，新型基础测绘是构建实景三维中国的能力支撑体系；实景三维中国是新型基础测绘的标准化产品之一，它又是时空大数据平台的基础时空数据集；时空大数据平台则是新型基础测绘和实景三维中国的服务窗口。

三者是相互关联、相互依存的上、中、下游关系，如图 6.2 所示。

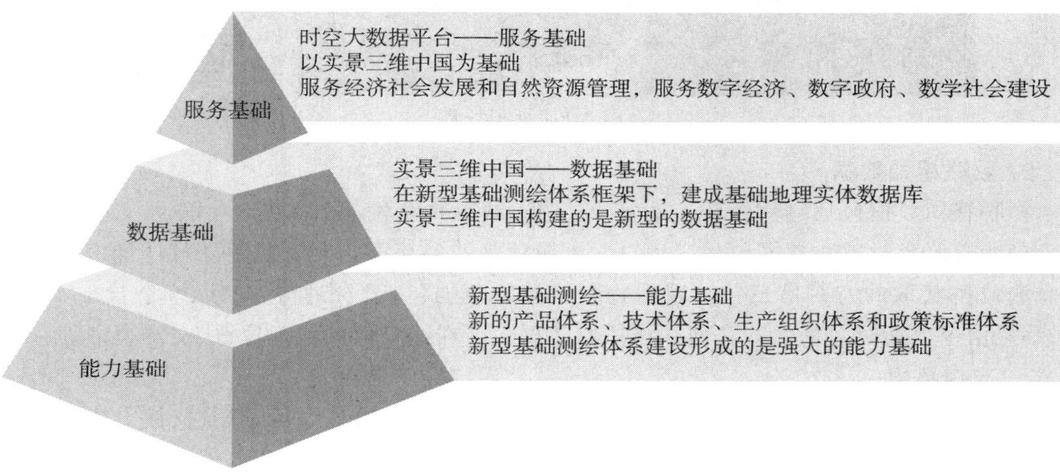

图 6.2　三者关系

6.3.3 实景三维中国构成

实景三维中国由空间数据体、物联感知数据和支撑环境三部分构成。

1. 空间数据体

空间数据体包括地理场景和地理实体。

地理场景包括数字高程模型(DEM)、数字表面模型(DSM)、数字正射影像(DOM)、真正射影像(TDOM)、倾斜摄影三维模型、激光点云等,如图 6.3 所示。

地理实体包括基础地理实体、部件三维模型及其他实体等。基础地理实体包括地物实体和地理单元,可通过二维、三维形式进行表达。部件三维模型包括建(构)筑物结构部件、建筑室内部件、道路设施部件、地下空间部件等。其他实体包括其他行业部门生产的专业类实体。

图 6.3 地理场景

2. 物联感知数据

物联感知数据包括自然资源实时感知数据、城市物联网感知数据、互联网在线抓取数据等。自然资源实时感知数据包括通过自然资源管理业务获得的实时视频、图形图像,以及自动化监测设备获取的实时信息等。城市物联网感知数据包括城市监控视频、车载导航、移动基站、手机信令等实时数据。互联网在线抓取数据包括在线获取的地理位置、文本表格等。

3. 支撑环境

支撑环境包括数据获取处理系统、建库管理系统和应用服务系统,以及支撑上述系统运行的软硬件基础设施等。数据获取处理系统指对空间数据体和物联感知数据进行获取、处理、融合的系统;建库管理系统指对数据集成建库和数据库管理的系统;应用服务系统指面向应用的服务系统;软硬件基础设施指自主可控的网络、安全、存储、计算显示设备,以及支撑软件等。

6.3.4　建设目标

根据新时期测绘工作“两支撑、一提升”根本定位，调动各级自然资源主管部门和社会力量，构建“分布存储、逻辑集中、时序更新、共享应用”的实景三维中国，为数字中国建设提供统一的空间基底。

6.3.5　建设内容

1. 地形级实景三维建设

地形级实景三维建设通过构建地形级地理场景、基础地理实体，获取其他实体、物联感知数据，组装生成地形级实景三维产品，用于三维可视化与空间量算，服务宏观规划。如图 6.4 所示。

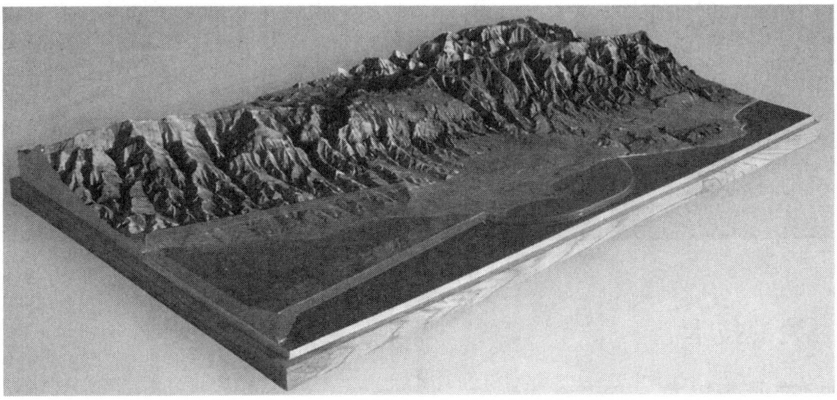

图 6.4　地形级实景三维

2. 城市级实景三维建设

城市级实景三维建设通过构建城市级地理场景、基础地理实体，获取其他实体、物联感知数据，组装生成城市级实景三维产品，用于精细化表达与空间统计分析，服务精细化管理。如图 6.5 所示。

图 6.5　城市级实景三维

3. 部件级实景三维建设

部件级实景三维建设通过构建部件三维模型，获取其他实体、物联感知数据，组装生成部件级实景三维产品，用于精准表达和按需定制，服务个性化应用及城市部件设施管理维护。如图 6.6 所示。

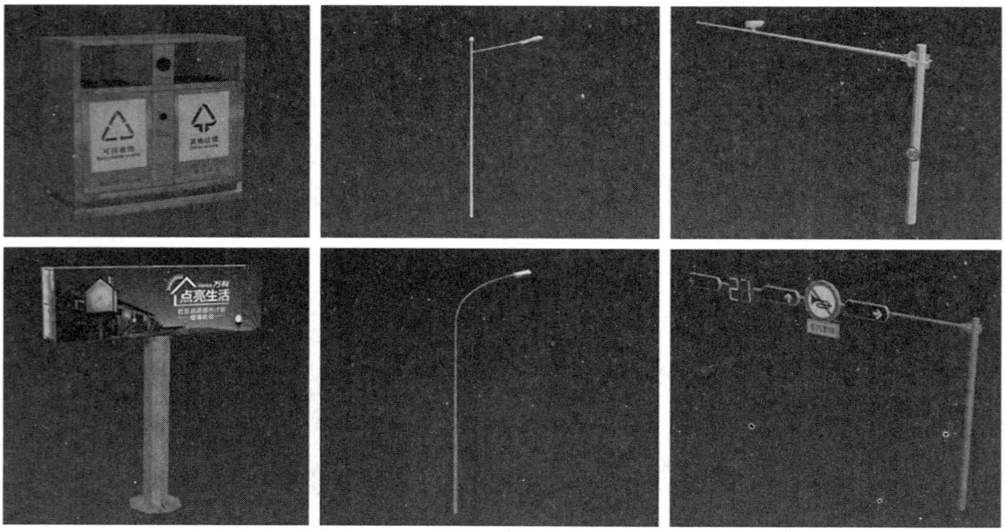

图 6.6 城市部件级三维实景设施

6.3.6 关键技术

1. 通用标准服务技术

二维表达形式的地理实体、地理场景等数据，采用传统空间数据的服务发布技术，形成遵守 OGC-WFS、OGC-WMS、OGC-WMTS 等规范的服务。针对二维表达形式的地理实体，也可以形成矢量切片服务(遵守产品规范)，以满足数据使用方的个性化需求。三维表达形式的地理实体、地理场景等数据，应形成遵守 OGC-3DTiles、OGC-i3s 等规范的服务，实现基于网络的数据高效共享。

2. 海量数据高效渲染技术

实景三维数据的高效渲染，是打通三维数据应用的“最后一公里”，需要高效的三维数据渲染引擎支撑，支持主流的三维数据渲染方式，包括基于 WebGL 的浏览器端渲染、基于 OpenGL 的客户端渲染、基于“OpenGL＋视频流”的云端渲染等。

6.4 实景三维中国建设技术路线

实景三维中国建设按照统一的时空基准进行数据获取与处理、数据轻量化和切片、建库与服务、数据发布和共享。本节以南方测绘自主研发的 SmartGIS 3DBuilder 三维数据处理工具集软件和 SmartGIS Web3D 新一代轻量级可定制三维平台为例，介绍实景三维建设的技术路线，如图 6.7 所示。

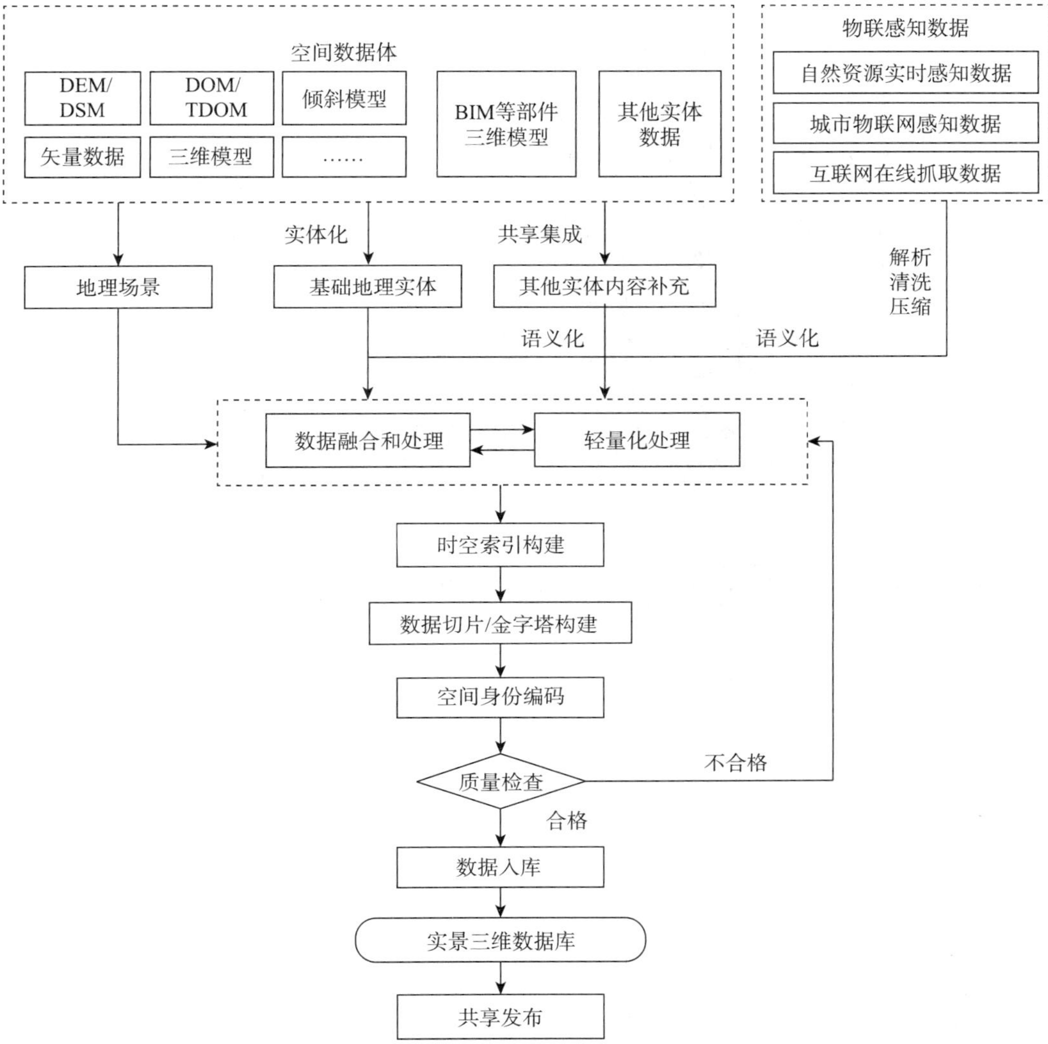

图 6.7　实景三维中国建设技术路线

6.4.1　数据获取与处理

1．地理场景数据获取与处理

地理场景数据包括数字高程模型(DEM)、数字表面模型(DSM)、数字正射影像(DOM)、真正射影像(TDOM)、倾斜三维模型、激光点云等。地理场景数据的获取主要通过倾斜摄影测量和三维激光扫描等手段进行获取，并通过内业数据处理、模型生成、模型修饰等步骤得到最终的数据成果，如图 6.8 所示。

2．地理实体数据获取与处理

地理实体数据包括基础地理实体、部件三维模型及其他实体等。基础地理实体包括地物实体和地理单元，可通过二维、三维形式进行表达。

目前地理实体数据生产的主要技术路线有两种：一是从现有基础地理信息数据到地理实体数据，即基于存量数据转换生产地理实体数据，适用于二维表达形式地理实体数据的转换生产，如图 6.9 所示；二是从地理场景数据到地理实体数据，即基于采集数据生产基础地理实体数据，适用于二维和三维表达形式基础地理实体数据的采集生产。

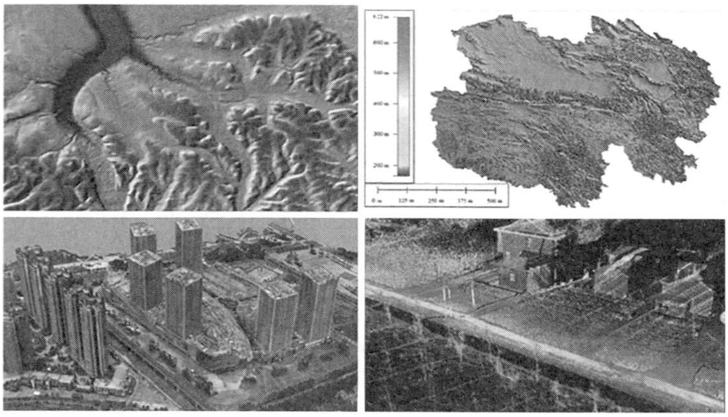

图 6.8　地理场景数据

图 6.9　利用存量数据转换生产地理实体数据流程

3. 物联感知数据

物联感知数据包括自然资源实时感知数据、城市物联网感知数据、互联网在线抓取数据等。物联感知数据的获取与处理手段主要有自动化监测设备、视频监控、网络抓取等手段，如图 6.10 所示。

图 6.10　物联感知数据

6.4.2　数据融合

数据融合包括：在地理场景之间、地理实体之间，以及地理场景和地理实体之间进行融合；物联感知数据与地理实体建立关联关系；对融合过程中存在的冲突进行检测及处理。如图 6.11 所示。

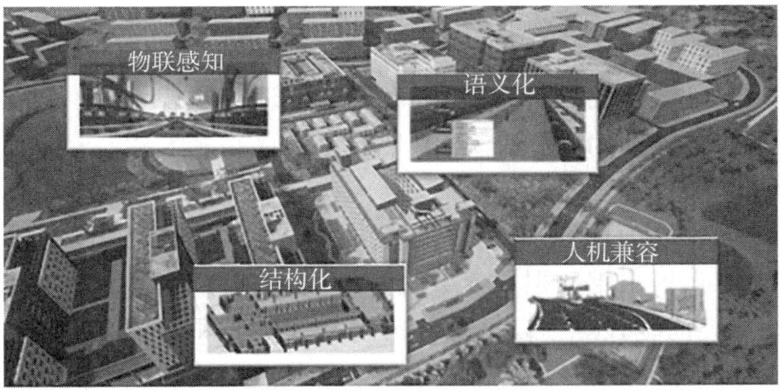

图 6.11　数据融合

6.4.3　数据切片

数据切片的目的在于将提供的地理场景数据——激光点云、倾斜模型、传统模型、建筑信息模型、地形、正射影像等数据格式转换为 Web 端所支持的格式，支持上述数据的细节层次(LOD)、抽稀等的轻量化处理，可以将 .obj/.osgb/.las/.fbx/.3ds/.ply/.pts/.ifc 等格式的数据处理成三维 Web 端所支持的相应格式。

采用 SmartGIS 3DBuilder 三维数据处理工具集将矢量、全景影像、激光点云、倾斜摄影、传统模型、建筑信息模型、地形影像等多源异构数据进行坐标转换、网格优化、采用不同策略算法的切片处理、倾斜模型数据单体化及压平、矢量转模型、模型转换、智能提取、点云自动赋色、质量检查、格式转换、二维三维联动、三维数据展示等，解决三维数据轻量级融合展示及应用的痛点，如图 6.12 所示。这些功能广泛应用于电力与交通巡线、地下管网、智慧城市、应急安保、自然资源、水利、灾害模拟、海岸工程等各个行业的数据，进行相关处理，快速满足各类三维数据的融合展示与应用。

图 6.12　数据切片

6.4.4 建库与服务

1. **数据库设计**

实景三维中国数据库包括地理场景分库、地物实体分库、地理单元分库、物联感知数据分库和元数据分库等，各分库根据数据内容又细化为不同子库，各子库根据数据内容再分为若干图层。

2. **数据组织**

地理场景按照分层分块存储，以二维形式表达的地理实体按照分层存储，以三维形式表达的地理实体按照分层与单体存储，物联感知数据分记录存储。

3. **建库与服务**

实景三维中国数据库分为国家层面、省区层面和城市层面实景三维数据库，分别存储全国、省区、城市范围内的实景三维数据及元数据。开发数据库管理系统，用于实景三维数据统一的存储管理、编辑和查询统计等。以智慧城市时空大数据平台或地理信息公共服务平台为依托构建应用服务系统。

6.4.5 场景管理与共享

对于轻量化并入库的地理场景数据、地理实体数据、物联网感知数据，通过 SmartGIS Web3D 创建管理的方式发布在 Web 端，方便数据的共享。场景管理流程如图 6.13 所示。

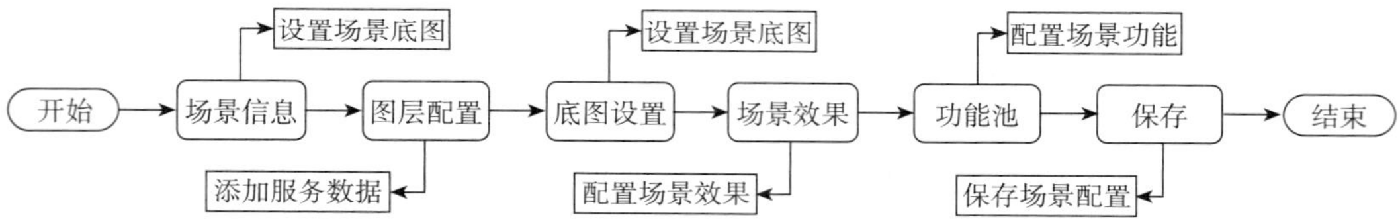

图 6.13 场景管理流程

思考题

一、选择题(单选)

1. 地理场景不包括( )。

A. DWG　　B. 激光点云

C. 倾斜摄影三维模型　　D. 真正射影像(TDOM)

2. 开展新型基础测绘建设的三大导向是( )。

A. 目标导向　　B. 需求导向

C. 问题导向　　D. 以上都是

3. 数据融合是在(　　)。

A. 在地理场景之间进行融合

B. 地理实体之间进行融合

C. 城市建设需求及地理场景和地理实体之间进行融合

D. 以上都是

二、简答题

1. 为什么要开展新型基础测绘?
2. 简述新型基础测绘的概念。
3. 简述新型基础测绘的建设内容。

参考文献

李欣，刘秀，万欣欣，2019. 数字孪生应用及安全发展综述[J]. 系统仿真学报，31(3)：385-392.

王咏梅，2016. 地理信息系统中测量数据的管理方式[J]. 中国科技博览(8)：1-2.

吴立新，2010. 空间数据可视化[M]. 北京：科学出版社.

杨德麟，2019. 测绘地理信息原理、方法及应用：上册[M]. 北京：测绘出版社.

杨尚文，周中元，陆凌云，2021. 数字孪生概念与应用[J]. 指挥信息系统与技术，12(5)：38-42.

赵敏，宁振波，2020. 铸魂：软件定义制造[M]. 北京：机械工业出版社.

周国树，2019. 现代测绘技术及应用[M]. 2 版. 北京：水利水电出版社.